坂井三郎「大空のサムライ」研究読本

郡 義武

Kohri Yoshitake

潮書房光人社

はじめに

坂井三郎氏が亡くなられてから、はやくも八年がたった。

「愛機は零戦、技は入神」、坂井三郎はご存知のとおり、敵機大小六十四機を撃墜した日本海軍戦闘機隊生き残りの大エース（エース：仏語ＡＣＥ《アス》、敵五機以上を撃墜した者の称号）である。

昭和二十八年（一九五三）、『坂井三郎空戦記録』が世にでたとき、一大センセーションを巻き起こし、敗戦にうちひしがれて必要以上に劣弱感のとりこになっていた日本人の心に、誇りと生き甲斐をあたえた功績はまことに大きいものがあった。

その後、英訳版『SAMURAI』がアメリカで出版され、大きな反響を得たのを皮切りに、カナダ、フランス、フィンランド、フィリピン、スペインなど二十数ヵ国で翻訳出版され、その出版総数は五百万部に達する世界的超ベストセラーといわれている。

つづいて昭和四十二年（一九六七）、改訂版ともいうべき『大空のサムライ』が出版され、ベストセラーとして版を重ね、今日にいたっている。

外国の空戦記でベストセラーになったものはほかにもある。フランスのエース、ピエール・クロステルマンの『LE GRAND CIRQUE』（邦訳名『撃墜王』）、ドイツ空軍のエース、アドルフ・ガラントの『DIE

ERSTEN UND DIE LETZEN』（邦訳名『始まりと終り』）などであるが、いずれも『サムライ』にははるかに及ばない。

『坂井三郎空戦記録』をはじめて読んだのは中学生のときであるが、すごく興奮し感動した。おもしろくて何度も読み返したが、こんなに興奮した書物にはその後、この年齢になるまでもお目にかかったことがない。

そして、感動のあまり、ついに坂井氏に会いたくなったが、三重県の片田舎から上京できる余裕などまったくなく、ついにやむをえず熱烈なファンレターを書いた。

「シレッとした」「牛殺し」など海軍用語については、予科練がえりの長兄や次兄にしつこく聞いて教えてもらったが、兄たちもわからない零戦の操縦法や戦法、米英独空軍との違いなどの疑問を遠慮なく手紙に書いた。

それに対して、まもなく丁重な返事がきた。田舎の一航空ファンの中学生の疑問にも簡潔かつ的確にこたえてくれ、氏の誠実な人柄がよくわかった。さらにこれとここは貴君の指摘のとおりですとお世辞（？）もあって、こわいもの知らずの田舎坊主はすっかり有頂天になってしまった。

それが坂井三郎氏と筆者の交友の始まりだった。お会いしたのは一度しかないが、ときおりの文通、電話、年賀状の交換は氏が亡くなられるまで続いたのであった。

『坂井三郎空戦記録』を何度も読み返し、すべてを頭にいれて悦に入っていたが、昭和四十二年に『大空のサムライ』が出版された。さっそく熟読したが「おやっ？」と気になる箇所を多数発見した。それは両書の間で日時、場所、人名、編成などが微妙に食い違っているのである。

たとえば、米川三飛曹の初撃墜が遠藤三飛曹に、親友宮崎儀太郎飛曹長の最後の日が六月二十四日から六月一日に、最愛の列機本田敏秋二飛曹の最後の日が六月十五日から五月十三日というぐあいである。細かい点までかぞえれば、おそらく四十ヵ所以上になり、物語ではなく記録として見る場合は、どちらが事実なのか看過できないと思われた。

それでもまた、後日ぶしつけにもこれらについて、直接電話をして指摘したのである。坂井氏は機嫌よくつぎのように答えられた。

「出版社よりの強い要望があり、空戦記録に着手したのは昭和二十八年春。当時はまだ各種資料も皆無で、おまけに肝心の開戦からラバウルまでの貴重な航空記録や写真などをラエ基地に置き去りにして帰国してしまった。

まだ戦後の混乱のつづく時期で、生き残りの戦友たちはもとより、斎藤正久司令や中島正隊長らの連絡先もわからなかった。

残念ながら事実確認の術はなく、それでも記憶だけに頼って、思い出すままに一気に半年あまりで書き上げたものです。書く以上はほんとうのことを書きたいと思ったが、書きはじめたら、つい昨日のことのように次からつぎに鮮明に思い出され、意外にも筆はすすみました。仕事の合間に寸暇をおしんで、真実を書き残そうと、それこそ心血をそそいで書きました。

『坂井三郎空戦記録』が世に出て大きな反響があり、司令、隊長、戦友たちとも連絡がとれました。また当時の資料、戦史室の行動調書も手に入るようになりました。『大空のサムライ』出版にさいしては、それらを参考にして記憶の大きな誤りは訂正しました。

しかし、調書にも間違いはあります。記憶のほうが正しいと思われた部分や、全体のバランスが大きく崩れてしまう部分はそのままにしました。ただし、書かれた空戦の話はすべて本当にあった出来事、真実なのです」

という毅然とした答えだった。

すべて真実を書き残そうと、心血をそそいで一気に書き上げただけに、空戦場面は臨場感にあふれ、読者を未知の空中戦へとさそう。とくにガダルカナル空戦で重傷をおってラバウルへ帰還するまでの描写は迫真感にみちて、本編の白眉である。また葉隠れ武士道（坂井は佐賀出身）を実践したかのような、日頃の自己研鑽は坂井三郎の孤高なまでの人間性をうきたたせ、読者に深い感動をあたえた。これがあるからこそ、まさしく不朽の名著となっている。

その後、個人的に戦史室（当時は市ヶ谷）に足をはこび、また内外の資料をあつめ両著の矛盾点、疑問点、坂井氏の記憶の誤りの解明につとめた。外国の文献には大きな誤りをそのまま転載し、事実は一致したとの記述が見うけられ、このまま放置すれば、後世に大きな悪影響をおよぼし看過できないと思われた。

記録として残す場合、日時・人名の誤りは致命的である。とくに外国の文献には、たとえば先にあげた宮崎飛曹長、本田二飛曹の間違った戦死日をそのまま引用検証し、その日に出撃した米戦闘機隊は〇〇、したがって撃墜者は〇〇である。と、間違った記述が悪貨のごとく独り歩きし、ますます混乱に拍車をかけている。

また、ラエ基地における笹井中隊だが、太田一飛曹は笹井中尉の二番機、第二小隊長坂井、第三小隊長西沢一飛曹の固定編成だったように述べているが、それは本当なのか。台南空は東洋一の戦闘機隊と豪語し、零戦神話をつくるほどに強かったというが、それは事実だったのか。さらに、坂井は常日頃「敵機の性能ほどに、彼らの技術は優秀ではなかった」と述べているが、実際はどうだったのか。

近年になって連合軍側の新しい資料もつぎつぎと入手可能になり、内外の資料をつきあわせることにより、従来まったく不可能と思われた空戦の詳細や、さらに撃墜者の特定もかなり可能となった。

ポートモレスビーをめぐる戦いでも、お互いの撃墜報告の過大さは、初戦のこの時点でも浮き彫りになった。毎回の空戦で敵側もかならず零戦数機撃墜を報告しており、その誤った戦果により志気は高く闘志は旺盛で、それほど零戦を恐れていたわけでもなかった。さらにこのころの米陸空軍は補給もままならず、台南空よりも粗末な食事、装備でねばり強く戦っていたこともわかった。のちのガダルカナルの米海兵隊戦闘機隊はさらに敢闘精神旺盛だったが、戦争をスポーツゲームのごとく戦う彼らには、狩猟民族の血が脈々と流れており、われわれ農耕民族では真似のできない、文化の違いがその戦闘方法にあらわれていることもよくわかった。

下調べがほぼ終わった十年ほど前にそれらの事実について、さしでがましく思いつつも坂井氏に報告した。氏はたいそう喜ばれ、

「よく調べてくれました。当初は自分の記録がこれほど反響が大きくなるとは思わなかったが、いまでは、『大空のサムライ』が独り歩きしています。いままでも部分的にマチガイを指摘してくる人もいましたが、鬼の首でもとったような態度がわずらわしく、すべて無視していました。私自身もその後の著作でできるだけマチガイは正してきましたが、全体をとおして系統的に修正する必要は十分かんじていました。ぜひ、この調査をまとめて世に出してください」と大いに励ましていただいた。

坂井氏の激励をうけたので、勇気百倍、「ぜひ、近日中に検証をまとめて報告いたします」と約束したのである。

ところが、はずかしながら当時はまだ定年直前とはいえ宮仕えの身、おまけに十年がかりでまとめた処女作『桑名藩戊辰戦記』を上梓したばかり、ひと息つくはずが急にヤボ用で多忙になってしまった。はじめは簡単に考えていた検証も新しい資料をみるたびに書き直したり、迷ったりで、ぜんぜんはかどらない。

あせっているうちに、二年がすぎた。そして、突然、坂井氏の訃報（平成十二年九月二十二日、享年八十四歳）が飛び込んだ。全身の力がぬけ虚脱感におそわれ、男の約束を果たせなかったザンキの念に襲われた。

目標を失い検証は中断され、もとの幕末史関係の仕事をこなしつつ、コンバット・フライト・シミュレーター（パソコンゲーム）で腕をみがきながら数年が経過した。近年になり、零戦搭乗員会、甲飛古武士会、その他の戦友会もぞくぞくと会員高齢化のために解消することをきき、また、予科練の兄からも「語り部」がいなくなるとハッパがかかった。

ようやく重い腰をあげ、使命感、焦燥感とたたかいながらも、ここになんとかまとめることができた。内外の資料からの検証といっても、固い内容ではなく、日米の文化・戦術の違い、撃墜判定の難しさ、零戦神話などにふれ、マニアはもちろん一般読者にも読みやすいよう留意した。

また、できるだけ誰が誰に撃墜されたのか、判明したものは記述するように心がけた。われわれ歴史仲間ではこれを『紙碑』とよび、なによりの供養になると考えている。

もちろん、これが完璧の内容とは考えていない。幕末史においても、たえず新しい資料の発見があり、そのたびに歴史は真実にむかって大きく変化する。歴史はいままでもこれからも進化しつづけており、だからこそ興味はつきないのである。

平成二十一年八月（坂井三郎氏九回目の命日を前に）

郡　義武

坂井三郎『大空のサムライ』研究読本　目次

第三章　孤独なる苦闘の果てに

写真提供／吉田一・坂井三郎・著者・雑誌「丸」編集部・米国立公文書館

坂井三郎。出撃200余回、空戦時間2000時間、敵機大小64機撃墜。己れの知力、体力、精神力を鍛えに鍛え、修練研鑽を積み重ねて、大空の死闘に勝ちを制した第二次大戦の撃墜王——写真は1939年、中国大陸漢口基地にて。愛機の胴体マーク前で、忙中閑ありのひととき。左手にタバコが見える。英語版『SAMURAI』の巻頭を飾った若き日の一コマである

連日のごとく空戦に明け暮れる昭和17年7月、ラバウル基地で、坂井自身が、ライカを片手に構えて撮影した己れの顔。この気迫、この殺気、この執念……これが〝大空のサムライ〟の顔というべきか

ガダルカナル島上空の空戦で、SBDドーントレス8機の集中砲火と刺し違えて、その2機を屠り、自らも被弾、重傷を負い、視力を失いながら4時間47分の必死の飛行の末に、ラバウル飛行場に帰着、司令への報告を前に左足が利かないので右足一本でやっと立って、気分を整えているところ。斎藤司令が指揮所を下りて、坂井の後方に近づいてきている

零式艦上戦闘機五二型丙(A6M5c)

(武装強化型／昭和19年10月制式採用)

全　幅　11.00m
全　長　9.06m
主翼面積　21.53m²

20mm機関砲×2（主翼）
13mm機関銃×2（主翼）
13mm機関銃×1～2（機首）

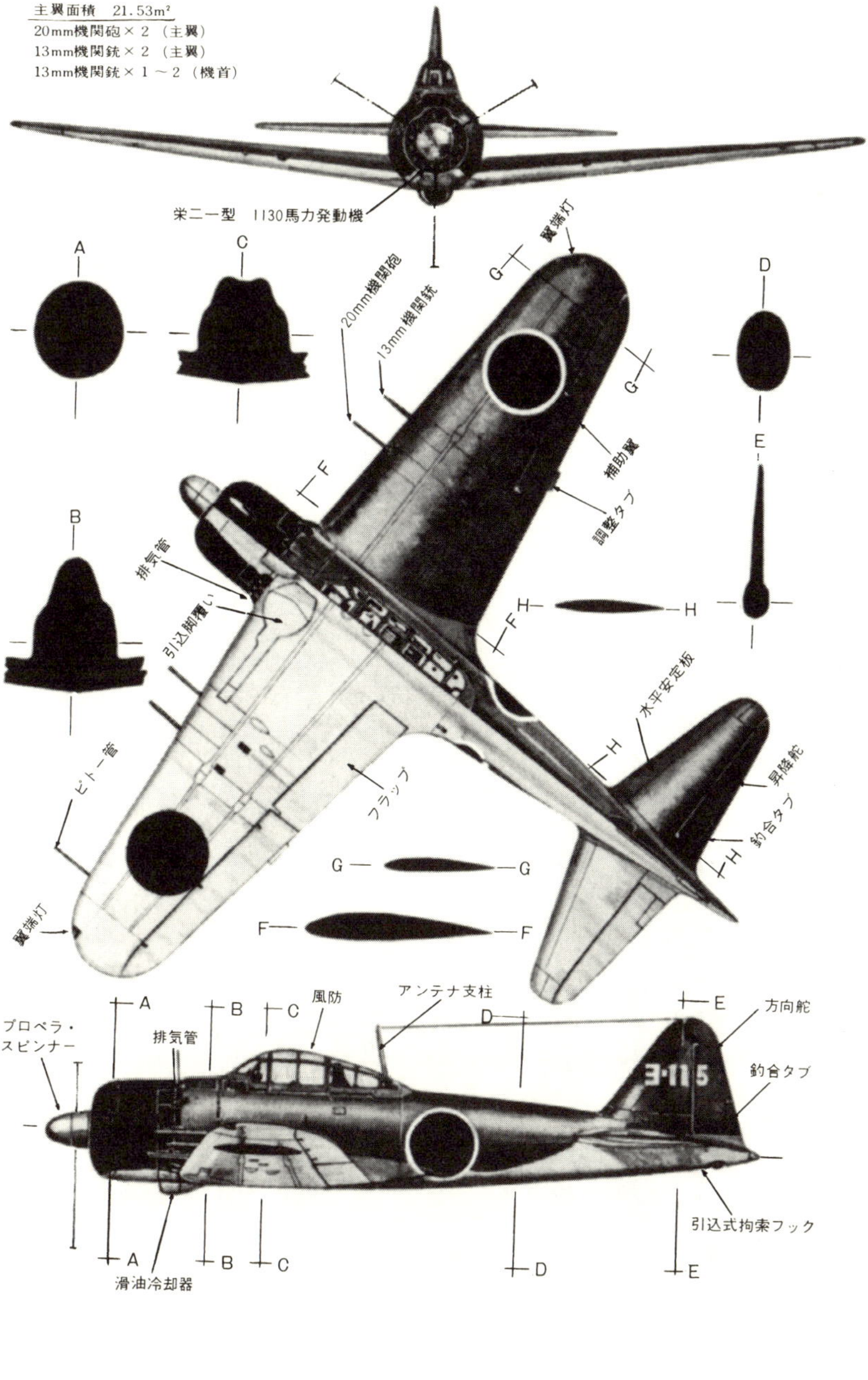

零式艦上戦闘機二一型(A6M2)構造図
（昭和15年12月制式採用）

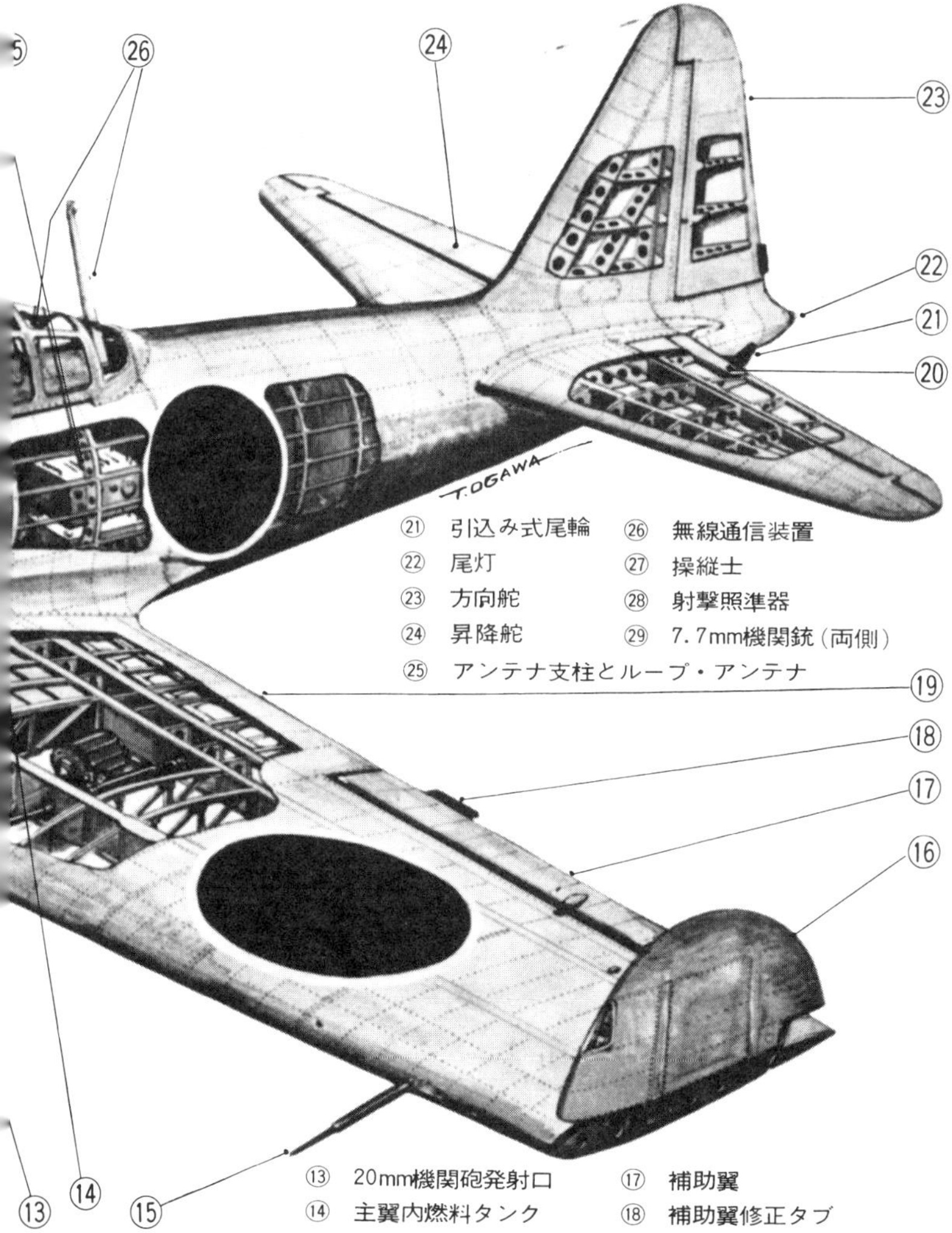

㉑ 引込み式尾輪
㉒ 尾灯
㉓ 方向舵
㉔ 昇降舵
㉕ アンテナ支柱とループ・アンテナ
㉖ 無線通信装置
㉗ 操縦士
㉘ 射撃照準器
㉙ 7.7mm機関銃（両側）

⑬ 20mm機関砲発射口
⑭ 主翼内燃料タンク
⑮ 速度計用ピトー管
⑯ 折畳み式翼端
⑰ 補助翼
⑱ 補助翼修正タブ
⑲ スプリット式フラップ(下面)
⑳ 昇降舵修正タブ

① カウリング・フラップ
② 定速可変ピッチ3翼プロペラ
③ 7.7mm機関銃の弾道溝
④ 発動機冷却空気取入口

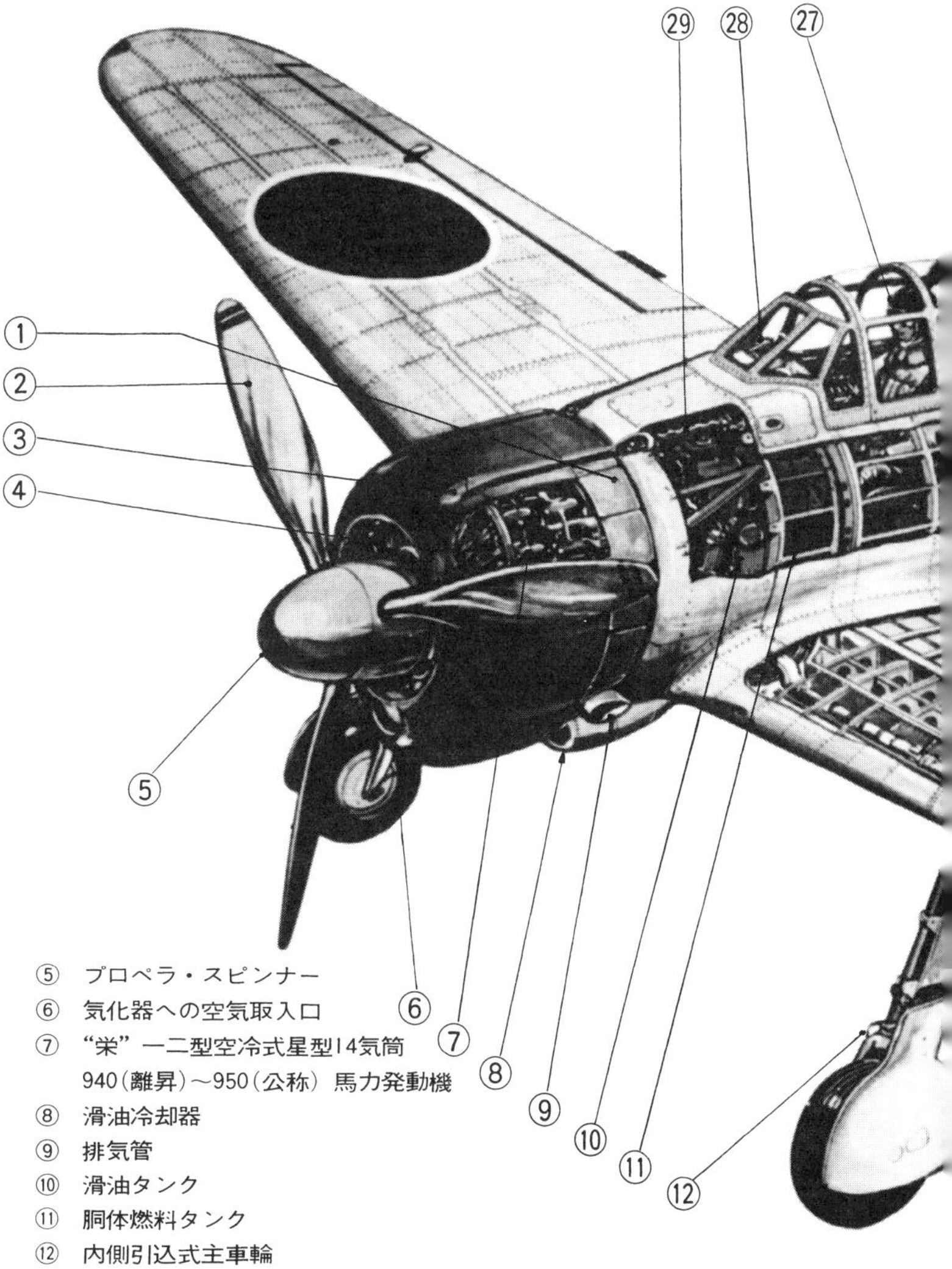

⑤ プロペラ・スピンナー
⑥ 気化器への空気取入口
⑦ “栄”一二型空冷式星型14気筒 940(離昇)~950(公称) 馬力発動機
⑧ 滑油冷却器
⑨ 排気管
⑩ 滑油タンク
⑪ 胴体燃料タンク
⑫ 内側引込式主車輪

零戦五二型とF6Fヘルキャットの寸法比較図

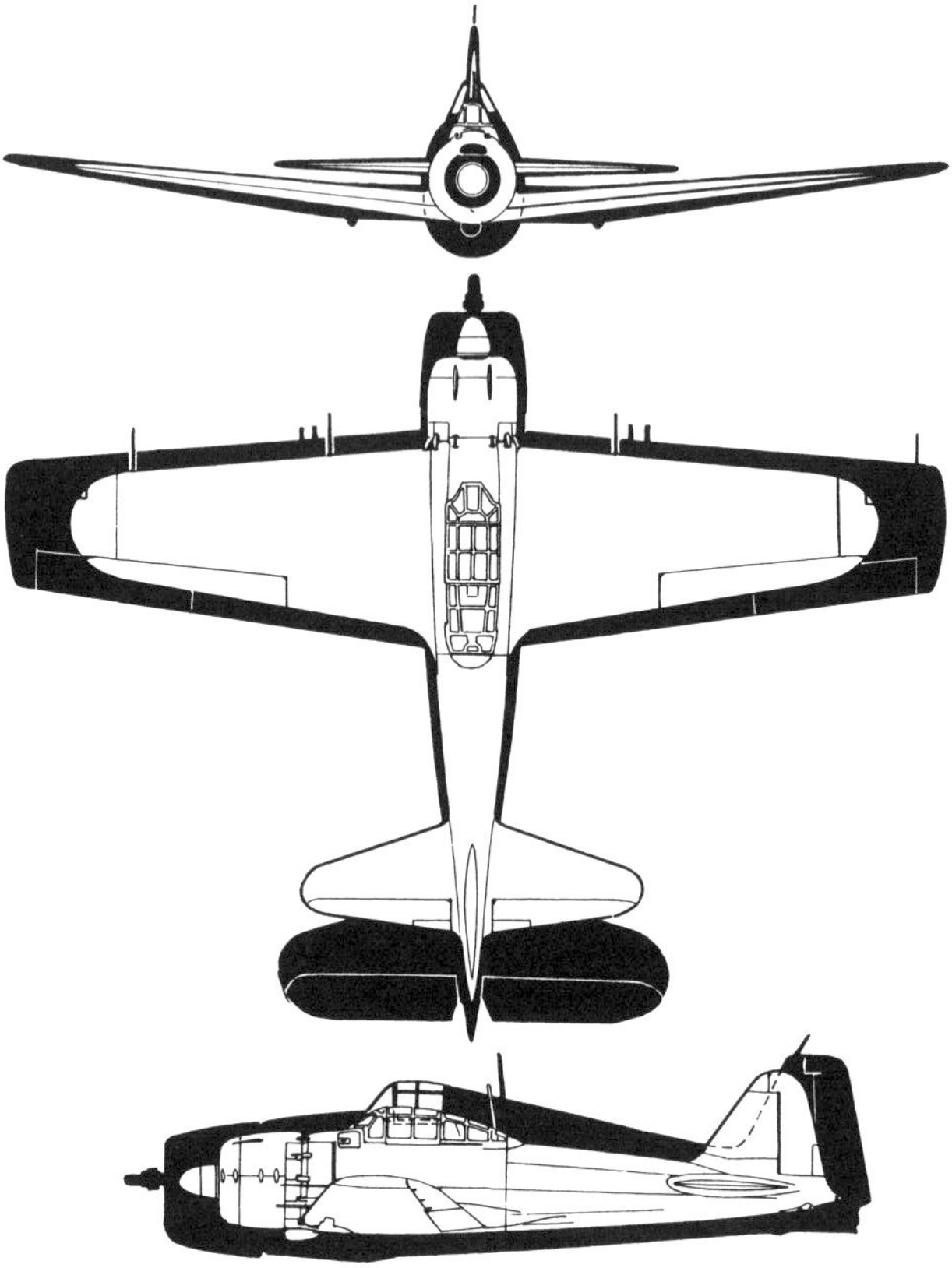

零戦三二型(A6M3)側面解剖図

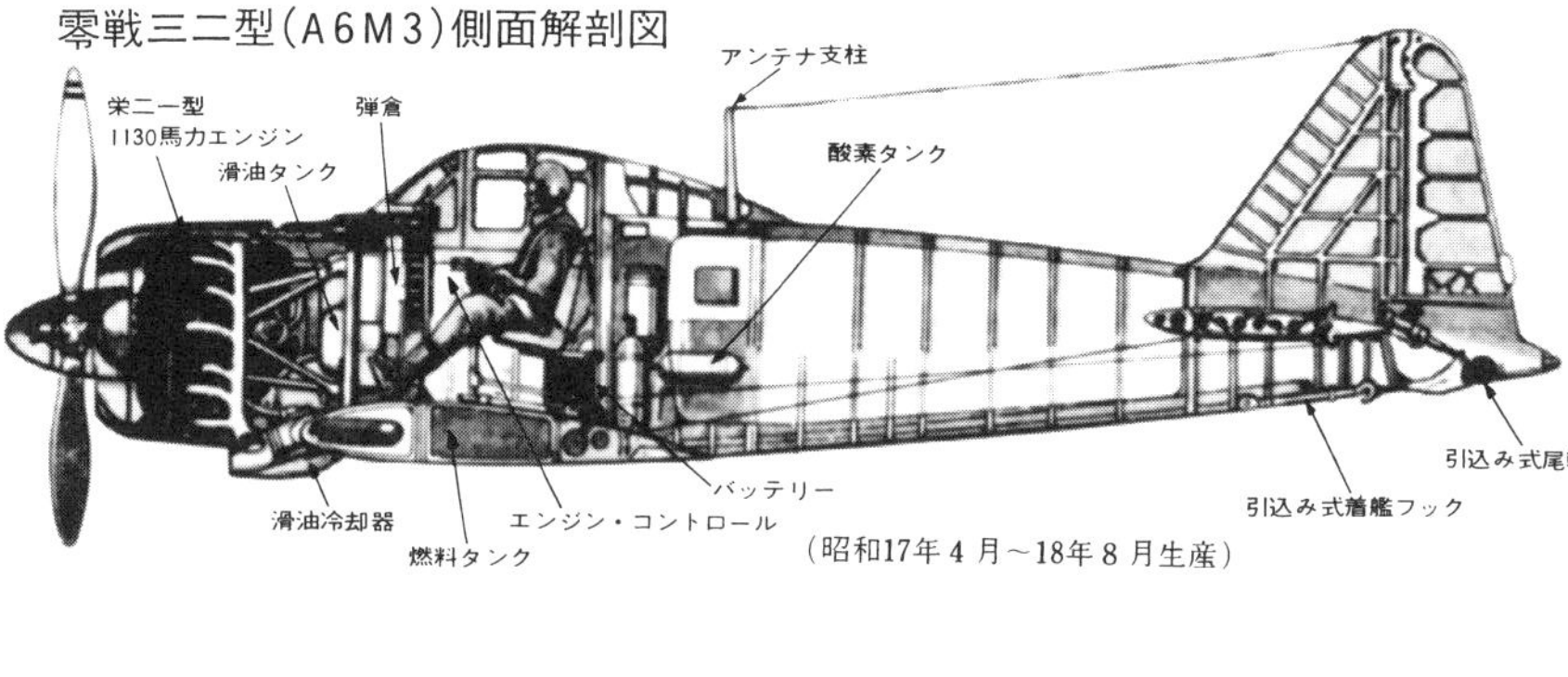

(昭和17年4月～18年8月生産)

坂井三郎『大空のサムライ』研究読本

不撓不屈　坂井三郎

第一章　ゼロこそ我が生命《いのち》なり

(1)われ比島上空にあり
――昭和十六年十二月八日

台南航空隊は、昭和十六年（一九四一）十月一日、台南で新設された戦闘機専用部隊（定数、零戦五十四機）の名門である。

司令は好々爺然とした風貌で隊員から慕われた斎藤正久大佐（兵47）、副長兼飛行長は謹厳かつ実直で闘志あふれた小園安名《こぞのやすな》中佐（兵51）、飛行隊長は小柄だが精悍、豪勇をもってなる新郷英城大尉（兵59）が任命された。なお、（兵）は海軍兵学校の卒業期数である。

九江基地にて。坂井三郎二空曹

同時に隊員も支那事変を経験したベテラン下士官を基幹搭乗員にし、来たる南方作戦を予期して実戦的な猛訓練を開始した。開戦時には南方作戦の両輪となった第三航空隊とともに、もっとも精強な海軍戦闘機隊として多数のエースを輩出し、海軍一著名な部隊となった。

名著『大空のサムライ』の著者、坂井三郎一飛曹も親友の宮崎儀太郎飛曹長とともに、台南空に転属し、先任の小隊長として部下を指導した。かくて戦雲は急を告げ、開隊二ヵ月後には、ついに運命の日米開戦の日を迎えた。

昭和十六年十二月八日、午前二時総員起こし、坂井

台南空司令・斎藤正久大佐

台南空の初代飛行隊長・新郷英城大尉

一飛曹をはじめ零戦搭乗員は全員が指揮所に集合した。いずれも緊張しているが、晴ればれとした顔は美しくさえ見える。戦闘食のおむすびをほおばった。おいしい。みな口数もすくなく静かに時を待った。

発進は午前四時の予定だった。ところが、三時を過ぎたころ、薄い乳色の霧が飛行場をつつみはじめた。見る間に五メートル先も見えない濃霧にかわった。時間は刻々と過ぎてゆくが、霧はいっこうに晴れる気配がない。じりじりして待つが、夜はまったく明け放たれてしまった。

突然、指揮所から、思いがけない情報が発表された。

『今暁六時、味方機動部隊は、ハワイ奇襲に成功せり……』

一瞬、身がひきしまるような感動が全員を支配し、やがてワーッという歓声にかわった。〝血湧き肉おどる〟というのは、このような気持ちをいうのであろう。

九時をすぎた頃になって、さしもの霧も、高く昇る太陽とともに次第に消えはじめた。あらためて『十時発進』が発令された。

いたずらに時間を空費して、敵に防衛態勢をととのえる時間を与えることになり、わが方の奇襲攻撃が蹉跌《さてつ》するのではないかとの焦燥感にとらわれた。が、あとにして思えば、この霧が、はからずも味方の大成功をもたらす原因となったのである。

十時四十五分、四十五機のわが台南空零戦隊は、全機離陸をおわり、優速を利して先発した陸攻隊を追う。

新郷英城大尉を指揮官とする制空隊二十一機（零戦四十五機中二十一機が制空隊、他は陸攻の直掩隊）は、陸攻隊に先行して、爆撃十分前には、目標クラークフィールド飛行場上空に達し、敵邀撃戦闘機を一掃するのが任務だった。

制空隊が台湾の最南端ガランピー岬をすぎて間もなく、はるか前方の海上に双発爆撃機の大編隊を発見した。さては予想していたとおり敵がやってきたな！しかし、新郷隊長はこれを無視して、脇目もふらずに目的地に直行する。

これは、万一途中で敵機と遭遇したばあい、あらかじめ決めてあった九機だけが攻撃に参加することになっていた。坂井機は九機のなかの一機として接敵を開始した。まさに一撃というところで、翼の日の丸に気がついた。味方の陸軍機だった。

坂井たち九機は、いそいで本隊のあとを追った。本隊ははるか前方を米粒ほどになっており、燃料の浪費を気にしながら懸命にこれを追った。バシー海峡の中間、バターン島の上空で、ようやく本隊に追いついた。

やがて緑濃い比島上空にかかる。目標突入予定時刻の二十分前、酸素マスクをつける。高度を七千メートルにあげて、予定の戦闘体形をとる。十三時三十五分、ついにクラークフィールド上空に突入、チラッと、すばやく敵の飛行場をのぞく。

敵機は見えない、もう一度のぞく。すると、いるいる、飛行場いっぱいに分散された大型小型の敵機が、数十機……。しめたぞ！　とほくそ笑みながらも、とうぜん邀撃に上がっているはずの敵戦闘機がいないか見張る。

大きく左旋回しながら、敵をもとめたが敵はあらわれない。すでに五分が経過した。あと五分で爆撃隊がはいってくる。

ひょいと左下に視線を転じた瞬間、やっぱりいた。濃緑色の迷彩をほどこした小型機が五機、一群となっ

編隊を組んで陸攻隊を直掩する零戦二一型。一式陸攻の機内より撮影

がっちりと編隊を組んで雲上を敵飛行場攻撃に向かう一式陸攻

クラーク飛行場で爆砕されたP－35戦闘機

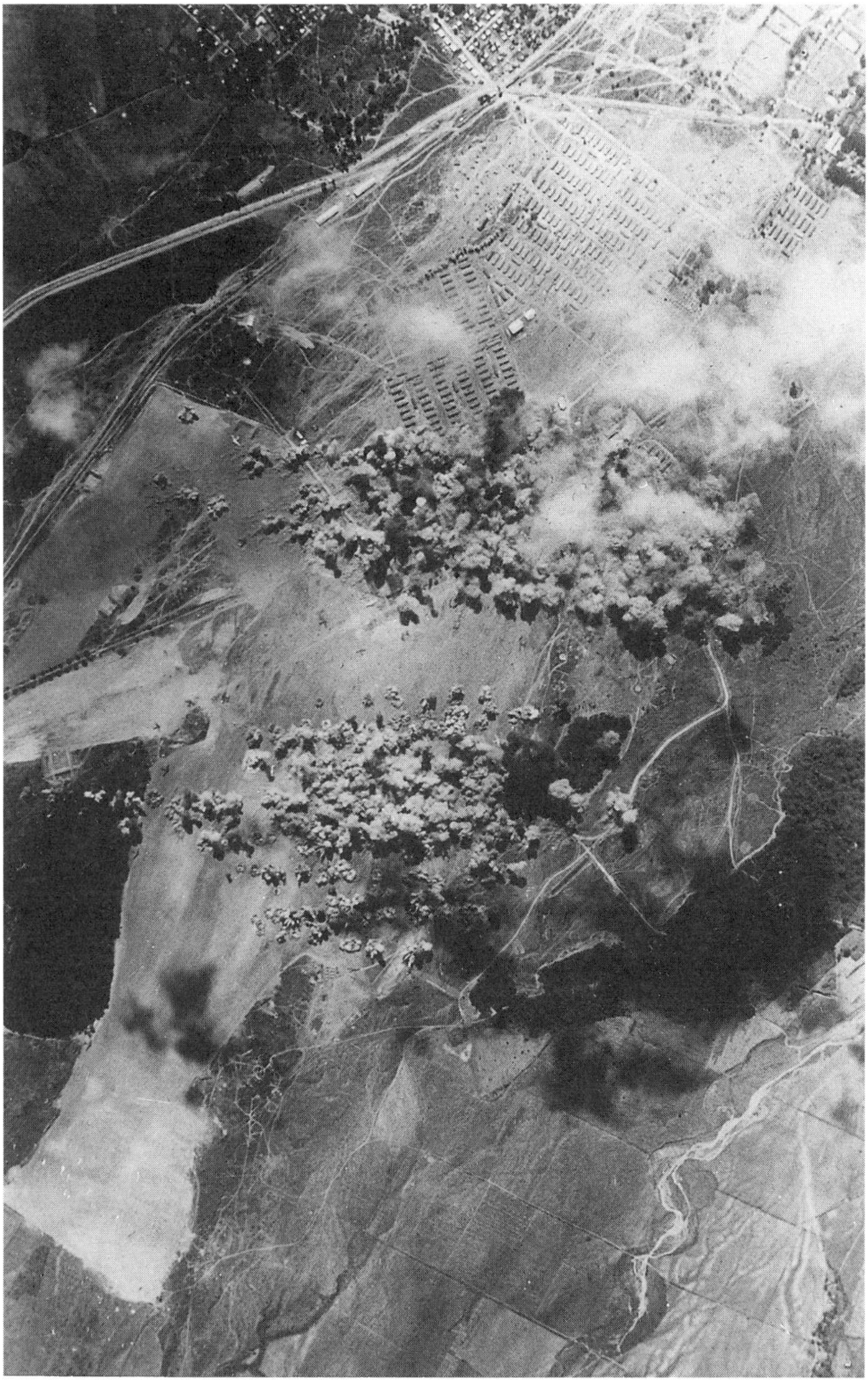

昭和16年12月8日、台湾を出撃した陸攻隊の攻撃をうけるクラークフィールド飛行場

てやってくる。高度差は二千メートル！　連続バンクで敵発見をしらせながら、増槽を落とし戦闘準備をする。

敵は五機いがいは発見できない。しかし、この五機を攻撃するにしても、高度差二千では隔たりすぎて戦闘にならない。このまま見逃していいのか？　軽はずみに動くこともならず、はやる心をおさえつつ爆撃隊を待つ。

十三時四十五分、予定時刻に寸分たがわず、零戦に守られた一式陸攻二十七機の大編隊が高度六千メートルで進入、爆撃進路にはいる。陸攻隊はクラークフィールド飛行場上空にさしかかった。つぎの瞬間、飛行場全体が褐色のジュウタンにおおいかぶされた。

全弾命中！　ああ、この日この一瞬のために……坂井は思わず機上で瞑目した。

つづいて第二群の陸攻隊二十七機が進入し、的確な爆撃を行なった。敵飛行場はもうもうたる黒煙におおわれている。爆撃隊は大きく左旋回して、悠々と帰途につく。

零戦隊は約十分これにつきそってから、ふたたび飛行場上空に引きかえした。予定どおり、爆撃をのがれた敵地上機をもとめて、中隊順、小隊順に銃撃にはいった。

高度を三百メートルに下げて、いいか、やるぞ！　列機に合図を送って、撃ちもらされたB－17に向かって真っすぐに突っ込んでいった。高度計はぐんぐん下がる。照準器から巨大なB－17の機体がはみだしている。

敵との距離はすでに百メートル！　思いきり発射把柄を握る。ダダダッ……！　高度十メートルで左にひねりながら急上昇にうつる。振りかえるとB－17は翼根からボーッと火を発している。

つづいて二番機横川一男二飛曹も、坂井と同じ要領でB－17を炎上させたが、三番機本田敏秋三飛曹のねらったB－17は燃え上がらない。ガソリンが抜かれていたらしい。

坂井はふたたび第二撃にはいろうとしたが、念のためもう一度、後方確認のために振り返った。と、太陽を背にして数個の黒点が見える。ただちに銃撃中止を列機に知らせ、左に旋回して、スロットルレバーを全開にして反撃の機をうかがった。

敵はさっきのＰ－40五機である。

坂井は左急旋回で敵の左翼下、うちふところの死角に飛び込んでいった。敵は零戦のすぐれた旋回性能におどろき、パッといっせいに右にひらいて急旋回、四機はつぎつぎと黒煙の中に姿を消した。

坂井は逃げ遅れた一機に対して、出鼻をおさえ接敵した。零戦の軽快な旋回性能は、難なくＰ－40を追いつめた。距離四十メートル、まったくの直接照準で、敵の脇の下に槍を突き刺すような気合いで一撃を射ちこんだ。

一瞬にして風防がふっとび、急速な錐もみ状態で墜ちていった。この敵機は地上に激突するのを本田三飛曹が確認してくれた。これが坂井の太平洋戦争における撃墜第一号で、幸先のよいスタートを飾った。

この日、敵戦闘機の邀撃が少なかったのは、次のような事情があった。

日本機動部隊がハワイを攻撃したとの一報に驚き、台湾からの予想される空襲を邀撃するべく、いち早く飛び上がった。ところが、まてども一向に日本機は現われない。

邀撃戦闘機は燃料補給のために着陸し、大型機は、台湾空襲の準備を進めていた。そこへタイミングよく日本の大編隊が来襲、敵機の大部分は地上で撃破されてしまった。濃霧で発進が遅れたのが、幸いしたのである。（傍線筆者）

以上が『大空のサムライ』による、開戦比島攻撃の坂井一飛曹の活躍の要約である。さっそく傍線部分を中心に検証に入ることにする。

まずは日本側の公式資料では、もっとも信頼できる『台南空飛行機隊戦闘行動調書』（防衛省戦史室所蔵）を調べてみよう。これには当日の飛行隊の搭乗員編成を記した『編成調書』と、行動経過概要を記した『行動調書』の二種がある。

戦争末期になると調書の多くが失われ、また人名、戦果などの記述も不正確だが、初戦時のとくに台南空にかんしては、かなり正確で各機の消費機銃弾数から個人撃墜まで詳細に記入されており、日本側としては貴重な一級資料である。

これに各隊員の日記、手記などで肉付けし、さらに連合軍側の資料と対比することによって、千変万化の空中戦もかなり詳細かつ立体的に再現できる。

なお（　）内の出身期は、兵：海軍兵学校、操：操縦練習生、甲乙丙：それぞれ甲種、乙種、丙種飛行予科練習生である。また消息欄の生存は終戦時で、以上は筆者の調査による。

では、まず『編成調書』を掲げておく。

任務　クラークフィールド、イバ、デルカルメン各飛行場攻撃

	操縦員	消耗兵器	被害	効果	消息
〈第一中隊〉					
第一小隊	1新郷英城大尉（兵59）	20×110、7.7×500	無	1、2番機共同 1機撃墜 小隊共同 2機撃破 小隊共同 2機炎上	生存
	2田中国義一飛曹（操31）	20×110、7.7×400	無		生存
	3倉富　博三飛曹（操44）	20×40、7.7×92	無		16・12・13 ルソン
第二小隊	1豊田光雄少尉（操12）	20×110、7.7×120	無	4機炎上	生存
	2酒井東洋夫一飛曹（乙6）	20×12、7.7×50	無	1機炎上	17・2・27 インド洋

	3山上常弘二飛曹（甲3）	20×53、	7.7×15	無	1機撃破	18・10・5 ニューギニア
第三小隊	1坂井三郎一飛曹（操38）	20×49	7.7×200	無	1機炎上	生存
	2横川一男二飛曹（操40）	20×108	7.7×160	右翼機銃弾1	1、2番機共同 1機撃墜	生存
	3本田敏秋三飛曹（操49）			無	1機大破、1機炎上	17・5・13 モレスビー
〈第二中隊〉						
第一小隊	1瀬藤萬寿三大尉（兵64）		7.7×114	無		19・12・4 台湾
	2菊池利生一飛曹（乙7）	20×46	7.7×110	無	共同 2機炎上	16・12・24 レガスピー
	3野沢三郎三飛曹（操45）	20×40	7.7×46	無		18・7・9 レンドバ
第二小隊	1中溝良一飛曹長（乙3）			行方不明		
	2和泉秀雄二飛曹（甲3）	20×110	7.7×120	無	共同1機撃墜（不）	17・4・30 サラモア

	3 湊　小作三飛曹（操44）	20×82	7.7×140	砲被弾×1	〃	18・6・7 ラバウル
第三小隊	1 佐伯義道一飛曹（操27）	20×73	7.7×212	無	1機炎上	生存
	2 日高義巳二飛曹（操48）	脚収納不具合の為引返す				18・6・7 ルッセル島
	3 石井静夫三飛曹（操50）	途中陸軍機を敵と誤認し之に接敵の際単機分離帰投す				18・10・24 ラバウル
〈第三中隊〉						
第一小隊	1 浅井正雄大尉（兵63）	20×73	7.7×274	被弾×3	共同1機炎上	17・2・19 スラバヤ
	2 篠原良恵二飛曹（乙8）	20×70	7.7×210	被弾2 顔面軽傷	1機撃墜（不）	20・2・25 関東
	3 比嘉政春一飛兵（操40）	20×1	7.7×200	無	1機撃墜	16・12・10 ルソン

第二小隊	1宮崎儀太郎飛曹長（乙4）	20×95	7.7×280	無	1機撃墜（不）	17・6・1 モレスビー
	2太田敏夫二飛曹（操46）		7.7×477	無		17・10・21 ガダルカナル
	3島川正明一飛兵（操53）		7.7×234	無	1機撃墜	生存
第三小隊	1酒井敏行一飛曹（操25）	20×110	7.7×200	無	2機撃墜（1機不）	17・1・29 バリクパパン
	2有田義助二飛曹（甲3）	20×57	7.7×139	無		17・5・1 ラエ
	3本吉義雄一飛兵（操53）	20×17	7.7×148	無		17・8・2 ブナ
〈第四中隊〉						
第一小隊	1若尾　晃大尉（兵65）	20×80	7.7×320	無	1機撃墜（不） 1機撃破	17・1・25 バリクパパン
	2河野安次郎二飛曹（乙7）			行方不明		
	3青木吉男三飛曹（操56）			行方不明		

第二小隊	1原田義光飛曹長（乙1）	20×110	7.7×350	被弾×10	不明	17・1・24 蘭印方面
	2上平啓州一飛曹（甲1）	20×20	7.7×80	被弾×12	1機撃墜 1機炎上	生存
	3藤林春男一飛兵（操53）	20×100	7.7×485	無		生存
第三小隊	1佐藤康久一飛曹（乙6）			行方不明		
	2石原　進二飛曹（甲3）	20×110	7.7×250	無		生存
	3西山静喜一飛兵（操54）	20×110	7.7×300	無		18・3・3 ラエ
〈第五中隊〉						
第一小隊	1牧　幸男大尉（兵65）	20×24	7.7×104	機銃弾×1		19・9・29 筑波
	2広瀬良雄三飛曹（操46）			自爆		
	3島田三二一一飛兵（操54）		7.7×334	無		19・7・3 硫黄島
第二小隊	1磯崎千里飛曹長（操9）		7.7×376	無		生存

	2坂口音次郎一飛曹（甲1）		7.7×264	無	中隊共同 撃破×5 地面衝突×1 炎上×9機 ドラム缶×200 燃料車×1炎上	生存	
	3福山清武三飛曹（乙9）		7.7×649	無		17・10・14	ソロモン
第三小隊	1小池義男一飛曹（甲1）		7.7×290	被弾×2 右目負傷		生存	
	2西浦国松二飛曹（甲4）	20×36	7.7×200	無		17・8・7	ガダルカナル
	3河西春男一飛兵（操56）	20×20	7.7×430	無		17・5・2	モレスビー

（第五中隊は三空航空隊に編入されイバ飛行場攻撃を行なった）

次に『行動調書』の記載は次のとおり。（原文の片仮名は平仮名にした）

任務　クラークフィールド、イバ、デルカルメン攻撃

（第一、二、戦闘機隊）

1045　零戦×三六　台南空発進

出発時脚収納不具合の為、二中隊三小隊二番機引返す
二中隊三小隊三番機は途中陸軍機を敵機と誤認し分離し帰隊す
1340　二中隊四中隊は地上攻撃、一中隊は空中、三中隊はクラークフィールド飛行場を地上攻撃す
（一、二、四中隊はデルカルメン飛行場）
1420
1425　の間戦場離脱帰投す
1700　迄に一機台南、二九機は恒春（燃料補給の上台南へ）
（第四戦闘機隊）
1045　零戦×九　高雄空発進
1340　イバ飛行場上空直に突入地上銃撃
1410　地上銃撃止む　銃撃前後二機と空戦
1415　帰途につく
1620　零戦×五　恒春着
1645　零戦×三　高雄着
（行方不明並びに自爆者）
1405　デルカルメン飛行場上空にて敵機と空戦中不明、二中隊二小隊一番機

1405
1415 デルカルメン飛行場上空にて敵機と空戦中不明、四中隊一小隊二番機、四中隊一小隊三番機、四中隊三小隊一番機
1410 イバ飛行場攻撃の際自爆、五中隊一小隊二番機
効果評点 撃墜八機、不確実撃墜四機、撃滅計一四機、敵機数二〇数機
燃料車一台炎上、ドラム缶二〇〇炎上
被　害 被撃墜一、行方不明四、軽傷一、砲被弾二八、銃被弾二
概　評 感状
綜合評点 A

零戦と陸攻約二百機からなる戦爆連合の大編隊は、堂々と空を圧して比島攻撃の征途についた。攻撃隊は二手に分かれており、その編成はつぎのようだった。

〈第一攻撃隊〉攻撃目標イバ飛行場
第一大隊　指揮官　須田佳三中佐
高雄空　一式陸攻二十七機
第二大隊　指揮官　入佐俊家少佐
鹿屋空　一式陸攻二十七機
直掩隊　指揮官　横山保大尉
三空　零戦五十四機
〈第二攻撃隊〉攻撃目標クラーク飛行場
第一大隊　指揮官　野中太郎少佐
高雄空　一式陸攻二十七機

第二大隊　指揮官　尾崎武夫大尉
　一空　九六陸攻二十七機
直掩隊　指揮官　新郷英城大尉
　台南空　零戦三十六機

『大空のサムライ』では台南空零戦隊は四十五機、そのうち制空隊が二十一機とあるが、この日、牧幸男大尉の第五中隊九機は、三空零戦隊の第六中隊に臨時編入されているので、三十六機が正しい。

したがって、制空隊と直掩隊はそれぞれ十八機ということになる。

坂井一飛曹は新郷大尉指揮の第一中隊第三小隊長として、勇躍、機上の人となった。二番機は横川一男二飛曹（操40）、三番機は本田敏秋三飛曹（操49）で、台南空創設いらい気心の知り合った下士官小隊である。

坂井は台南空唯一の下士官小隊で、（他は全部准士官以上が小隊長）つねに注目の的であったとのべているが、これは坂井の記憶ちがいで四つの下士官小隊があった。（編成表参照）

台南からクラークまでは四五〇浬（約八三〇キロ）、これは東京から下関の距離に匹敵する。長大な航続距離を有する零戦のみのなしうる、初の長距離渡洋進攻である。戦後になってもマッカーサー米極東軍司令官は「爆撃機を護衛した戦闘機は空母から発艦した」と公式文書に記載し、台湾から飛来したとは信じなかった。

往復七時間におよぶ航程で、燃料が切れたら台湾南端の恒春に不時着せよ、とのことだった。しかし、若い搭乗員は意に介さず、航空糧食の弁当二食（稲荷寿司）分に台湾バナナを座席に積み込んで、勇躍、出発した。

ガランピー岬上空に突然あらわれ、あわや同士討ちの陸軍機は、ルソン島北部のツゲガラオを爆撃した飛行第八戦隊の九九双軽二十五機か、中部のバギオを爆撃した一四戦隊の九七重爆十八機のいずれかだった。台湾の佳冬、潮州は霧にさまたげられず、陸軍機は予定どおり爆撃しての帰りだった。

坂井機はじめ九機の零戦は攻撃寸前で気がつき、増槽も落とさずにことなきをえたというが、二中隊鴨番機（ドンジリ）の石井静夫三飛曹（操50）は、同じく敵機と誤認して攻撃を加えようとしたが、その後、本隊を見失って単機帰投している。

一方、比島の米軍基地は早朝からの混乱がおさまっていた。

八時にクラーク飛行場を緊急発進した第一七、第二〇追撃飛行隊のカーチスP－40戦闘機は、哨戒をおえて燃料補給に着陸した。第一九爆撃航空群所属のB－17は全機、空中避退したが、正午には着陸して台湾攻撃の準備中だった。

午後一時四十分、第一七追撃飛行隊はボイド・D・ワグナー中尉の指揮で数分前に離陸（機数不明）したが、第二〇追撃飛行隊は隊長ジョセフ・H・ムーア中尉と他の二機が離陸開始、まさに浮き上がった瞬間、日本機の爆撃がはじまった。列機はつぎつぎと乗員もろとも爆砕された。

零戦隊はクラーク飛行場の上空、高度七千メートルで進入した。そのとき坂井は、二千メートル下方に反航するP－40五機を発見した。これは第一七追撃飛行隊ワグナー中尉の編隊だろう。

坂井は敵発見を味方機につげ、ただちに増槽を落として戦闘準備をする。そして敵編隊に向かって一気に急降下……しなかった。高度差二千メートル、これでは戦闘にならない？　と、なぜか逡巡した。理由はよくわからない、ほかにも敵機がいる可能性があるので索敵をつづける。

このP－40五機は指揮官新郷《しんごう》大尉の二番機、田中国義一飛曹もほとんど同時に発見した。田中は隊長に「敵発見」を小さな早いバンクでしらせた。隊長はまだ発見していなかったらしく、すぐさま、「行け」と命じた。

先頭に出て接敵を開始し、わずかに右に変針したとき、隊長は「了解、了解」と首を振っている。すぐにもとの位置について攻撃開始の合図を待ったが、隊長はいっこうに攻撃をかけない。さらに多数の敵をもとめているのだろうか……。

制空隊は右に大きく旋回して、（『大空のサムライ』では左旋回）やがて飛行場を一周するころ、陸攻隊が到着した――とのべている。

五分後、陸攻隊爆撃開始、全弾命中！　もうもうたる爆煙が飛行場をつつんだ。効果は抜群。第二〇追撃飛行隊の計二十三機のP－40のうち、離陸に成功した三機をのぞいて全機が破壊、さらに稼動可能な十四機のB－17のうち十二機が破壊された。

爆撃終了後、ただちに零戦隊は中隊順につぎつぎと地上銃撃にはいった。

坂井機は目標としたB－17を炎上させた。つづいて第二撃を開始、その前に後方を警戒する。太陽を背にした数個の黒点、すなわち敵機を発見した。

さっきのP－40五機である。というが、さきに離陸した第一七追撃飛行隊のほかに、デルカルメン飛行場（クラーク南西二十キロ）からも第三追撃飛行隊のP－40が六機到着しているので、このP－40の可能性が大である。

この六機の小隊はクラーク上空で零戦三機撃墜を主張しているが、二機を失っている。撃墜を記録したあとでハーバード・S・エリス中尉の機体は被弾し火を吹いた。彼は低空からベイルアウトしたが、列機のジョージ・O・エルストロム少尉も同様の攻撃をうけて戦死した。

坂井は黒煙のなかに逃げ込む五機のP－40を追ったが、逃げ遅れた一機を捕捉し左急旋回で肉迫、四十メートルの至近距離から一連射をたたき込む。

敵機は風防がふっとび、急速な錐もみ状態で墜ちていった。敵機が地上に激突するのを、三番機本田三飛曹が確認してくれた。

坂井の太平洋戦争撃墜第一号である。

『編成調書』には一・二番機共同一機撃墜、と記されているのは何故だろう。坂井機のあとに二番機横川二飛曹も一撃射ちこんだのだろうか。この機がエルストロム少尉の可能性も考えられる。

三中隊二小隊三番機の島川正明一飛兵は、坂井機ともペアを組んだことがある若武者だが、地上銃撃に移ろうとして、前下方にP－40を発見。銃撃を中止して果敢に敵機を追尾、増槽をつけたままで（落ちなかった）、七・七ミリを二百発以上射ちこんで見事撃墜した。

落下タンク（三三〇リッター入り）をつけたままで、撃墜したのは珍しい。初空戦で初撃墜を記録するのは、非凡な才能と強運の持ち主のみだが、彼もかずかずの空戦を戦い抜き、エースとして終戦を迎える。

三空飛行隊長・横山保大尉を中央に、左隣りが浅井正雄大尉。後列左より５人目が坂井三郎一飛曹

島川正明一飛兵(左)と磯崎千里飛曹長

三中隊はＰ－40六機撃墜（うち三機不確実）ともっとも撃墜数が多いが、これは地上銃撃をやめて敵機と空戦にはいったためだが、中隊長浅井大尉の二番機篠原良恵二飛曹が風防に二発避弾して、その破片で左眼上部に軽傷を負った。

つづいて地上銃撃に入った若尾大尉指揮の第四中隊は、地上砲火もはげしくなり被害が増大した。

第二小隊長原田《はらだ》義光飛曹長が十発、同じく二番機の上平啓州一飛曹が十二発被弾、河野安治郎二飛曹、青木吉男三飛曹、佐藤康久一飛曹の三名が行方不明になっている。地上砲火ではなく、銃撃中Ｐ－40に上からかぶられたと思われる。

三空に派遣された牧幸男大尉の第五中隊（三空第六中隊に編入）も激しい戦闘を行なった。はじめはイバ上空に向かったが、こちらは獲物が少ないので、地上銃撃の第一中隊を残して、横山保大尉以下主力はクラーク飛行場にとって返した。

第五中隊第二小隊長の磯崎千里飛曹長は二十ミリを温存して、七・七ミリだけで銃撃を行ない、列機もこれにならった。

何度か銃撃したが、集合時間になったので引き上げようと上昇にうつった。後方から追うように上昇してくる一機があった。よく見るとＰ－40だった。

Ｐ－40の両翼六梃の十三ミリ機銃が発射された。磯崎飛曹長の近くを飛んでいた零戦が火を吹いて墜ちていき、そのまま地上に激突した。それが牧大尉の二番機広瀬良雄三飛曹の自爆戦死のようすで、まったくの不意討ちだった。

『行動調書』にある「自爆」とは、敵弾が当たって地面や海上に衝突し撃墜されたのを味方に目撃された場合で、それいがいはすべて「行方不明」となる。さらには「未帰還」とひとくくりされるようになる。

磯崎飛曹長は急旋回してこの敵機を追った。Ｐ－40は低空にのがれ逃げようとしたが、磯崎機も復讐に燃えてこの敵機を追う。背後をたびたび振り返った敵パイロットは、やがて高度をあやまったらしく、ジャングルに激突、炎上した。これが『行動調書』に地面衝突一機と記された磯崎機の無手勝流の戦果である。

広瀬機を奇襲攻撃で撃墜した勇敢なパイロットだが、『零戦戦史』では第三追撃飛行隊のグラント・マホニー中尉。『南方進攻航空戦』では、零戦二機撃墜を主張した第一七追撃飛行隊のランダル・D・キーター少尉ではないかと記されている。

しかし、両者とも無事に帰還していることを考えると、別人なのはあきらかで、混戦状態だけに撃墜者を特定することはかなり難しい。

『行動調書』による台南空の戦果は、撃墜八機、不確実撃墜四機、地上銃撃：二十機炎上、五機撃破、敵機数：約二十数機、と記録されている。（三空の戦果は、撃墜七機、不確実撃墜三機、地上銃撃：炎上十三機、撃破九機、敵機数：約十五機）

台南空の損害は行方不明四機、中溝良一飛曹長（乙3）、河野安治郎二飛曹（乙7）、青木吉男三飛曹（操56）、佐藤康久一飛曹（乙6）。自爆一機、広瀬良雄三飛曹（操46）。

ほかに小池義男一飛曹（甲1）は地上銃撃中、風防に二発被弾し、破片が右眼に突き刺さった。鮮血流れる片目で基地まで帰ったが、後日、右眼摘出の不運に見舞われ再起不能となった。

また篠原良恵二飛曹も風防に被弾したが、幸運にも左眼上部軽傷ですぐ復帰した。

三空は伊藤文雄三飛曹（操45）、吉井三郎三飛曹（操45）の二機が行方不明となったが、陸攻隊は奇跡的に全機無事に帰還した。

アメリカ側の資料によれば、実際に被撃墜、または不時着したP－40は九機で、そのうち数機は燃料切れで落ちたとされている。（早くから邀撃に飛び上がった第一七追撃飛行隊のP－40か）

アメリカ側の被害は甚大で、この一日だけでP－40×五十三機、B－17×十八機、P－35×三機、その他約三十機。在比米軍の戦闘機の約三割、重爆撃機の半分、その他各種飛行機の大部分を地上で失った。

また地上での戦死約一〇〇名、負傷者は二五〇名であった。さらに九日、十日の反復攻撃で在比米軍の航空戦力はほぼ壊滅する。

『大空のサムライ』にはなにも記されていないが、坂井一飛曹は列機とともに恒春基地に着陸して燃料を補給し、その日のうちに台南基地に帰還した。

二十九機が恒春に着陸しており、さすがに長大な航続距離をほこる零戦も、はじめての比島往復で燃料は限界だったようだ。

(2)『空の要塞』に初挑戦
——つくられた空の軍神

『大空のサムライ』には、忘れられない数々のエピソードがある。

後に詳述することになるが、昭和十七年六月九日、捨て身のラエ空襲に飛来したジョンソン元大統領搭乗のB−26との遭遇戦。八月七日、ガダルカナル上空の宿敵F4Fサザランド大尉との死闘などだが、つぎに登場する『空の要塞』撃墜第一号、コリン・ケリー大尉との出会いもドラマチックである。

『大空のサムライ』によれば——

十二月十日、きょうもきのうに引きつづいての出撃である。この日はビガンに上陸中の味方船団の上空直衛と、デルカルメン基地の攻撃が下令され、わが台南空戦闘機隊は、まず浅井大尉の指揮する零戦二十二機が日出前にデルカルメン攻撃に出発し、つづいて新郷大尉の指揮する零戦十二機が、九時三十分に台南基地を発進してビガンに向かった。坂井は新郷隊の第三小隊長として進発した。

デルカルメン敵飛行基地の上空へ進入し、約三十分旋回して索敵したが、敵機は一機も姿を現わさない。そこで予定にしたがいビガン上空へ引きかえし、高度六千メートルで、上空哨戒の任務についた。

しかし、ここにも敵機の姿はない。かれこれ三十分もたったころ、坂井は船団の泊地のようすに目を転じると、船団の近くの海面に白い大きな波紋が幾つかひろがっている。

——あっ、爆撃だ！

いつのまに忍び寄ったのか、わが編隊より二千メートルも高い上空を、すべ

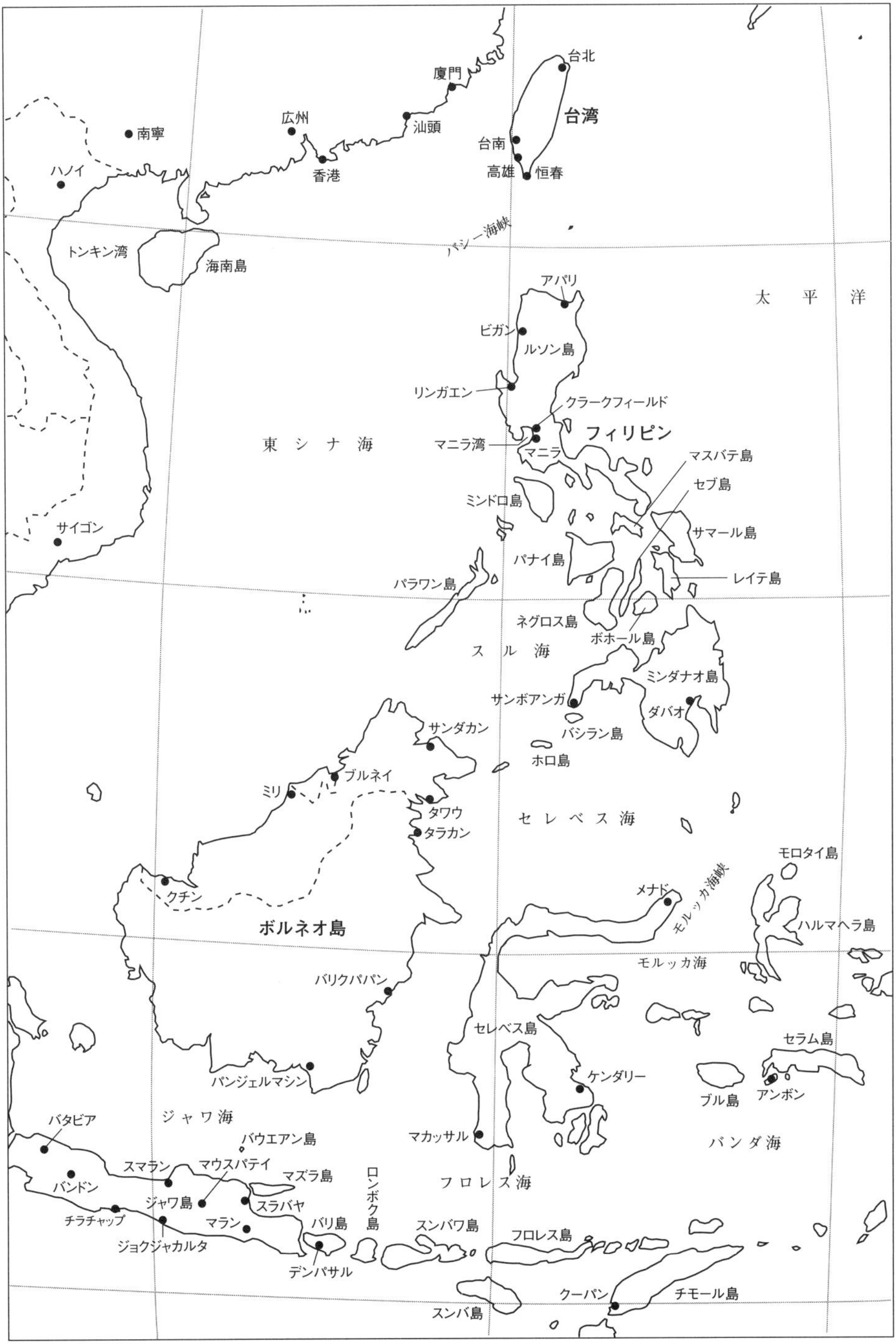

台北
廈門
広州
汕頭
南寧
台湾
台南
高雄
恒春
香港
ハノイ
バシー海峡
トンキン湾
海南島
アパリ
太　平　洋
ビガン
ルソン島
リンガエン
クラークフィールド
東　シ　ナ　海
フィリピン
マニラ湾
マニラ
マスバテ島
セブ島
ミンドロ島
サマール島
サイゴン
パナイ島
レイテ島
パラワン島
ネグロス島
ボホール島
ス　ル　海
ミンダナオ島
サンボアンガ
ダバオ
サンダカン
バシラン島
ホロ島
ブルネイ
ミリ
タワウ
セ　レ　ベ　ス　海
タラカン
モロタイ島
メナド
モルッカ海峡
クチン
ハルマヘラ島
ボルネオ島
モルッカ海
バリクパパン
セレベス島
セラム島
ケンダリー
パンジェルマシン
アンボン
ブル島
ジ　ャ　ワ　海
バタビア
バウエアン島
マカッサル
バ　ン　ダ　海
スマラン
マウスパテイ
マズラ島
ロンボク島
フ　ロ　レ　ス　海
バンドン
ジャワ島
スラバヤ
チラチャップ
バリ島
スンバワ島
フロレス島
マラン
ジョクジャカルタ
デンパサル
クーパン
チモール島
スンバ島

るように動いている大型の一機が見えた。

敵機は進路を南にとっている。飛行雲が青空に白チョークで描いたように、長い弧をひいており、発動機が四つついている。

――あっ、B－17だ！

『空の要塞』と呼号し、絶対不落を誇る敵のB－17、じっさいに（空で）お目にかかるのは初めてである。

坂井はすぐに追跡を決意した。隊長も他に敵機がいないと判断し、三機のみがのこって他の七機は、いっせいにこの『空の要塞』を追跡しはじめた。

ところが敵の高度は高い。しかも案外、高空性能がいいのだ。なかなか捕捉できない。やっとクラークの北方まぢかで、もう一息、というところまで追いつめた。

が、そのとき、どこから現われたのか、味方の三機の零戦がこのB－17に挑みかかった。これはニコルスの敵基地に攻撃をかけていた三空の戦闘機だった。

これは三空にしてやられたかと、なおも追跡をつづけながら見ていると、さすがは『空の要塞』、ゆらぎも見せず悠々と遁走する。なにしろ、八千メートルの高空では、空気も希薄で飛行機の操作もおもうようにできない。

そのうちにわが隊も、やっと味方戦闘機群の近くまでたどりつくことができた。しかし、一個の目標に対して数機で攻撃する場合には、おたがいに衝突する危険があるので、一度に攻撃をしかけられない。

どうしたというのか、弾丸はさっぱり命中しない。これは後でわかったことだが、敵の飛行機があまりにも大きかったので目測を誤り、射撃距離がはるかに遠かったのである。

この間にも、敵はさかんに十二・七ミリ機銃（ふつうは十三ミリと呼んでいる）を射ってくる。

B－17には、尾部、中部、前部、両側と砲塔が五つあり、合計十梃の機銃で逃げながら射ってくる。こちらの弾丸も当たらないが、敵の弾丸も当たらない。

もたもたしているうちに、いつしか敵のクラーク飛行場の近くまできてしまった。

坂井は決心した。敵機の後下方にもぐりこみ、敵機の右翼タンクをねらって射弾を送り込んだ。全銃射ちっぱなしの連続弾である。敵機は前より一層はげしく

B－17の側方銃座にとりついて12.7ミリ機銃で応戦する射手

ガソリンふきだした。

そのうち、坂井もまた弾丸を射ちつくしてしまった。後続機の射弾がタンクに命中した。敵機はスピードをつけるため高度をさげはじめた。坂井も『空の要塞』の最後を見届けたくて追尾していき、三千メートルまで高度は下がった。

すると、突然、敵機からなにか飛び出した。たちまちパッとひらいて三つの落下傘になった。なおも敵機を追ったが、敵機はついにルソンの山々にかかっていた密雲の中に、その姿を没してしまった。撃墜は確認できなかったので不確実撃墜と報告した。

つくられた空の軍神

終戦の年の十二月十五日、坂井はAP通信社東京支局長ラッセル・ブラインズと会見した。日本の撃墜王に会いたいとの意向だった。いろいろな話のうちに、十二月十日にB－17とルソン上空で空戦をやらなかったか、という質問が出た。

何機でかかったかなど非常に細かく聞く。「それで、そのとき、B－17を撃墜したのか」の問いかけには、「相当の打撃を与えたとは思うが、撃墜を確認できなかったので、撃墜とは報告しなかった」とこたえた。

すると彼は破顔一笑、「君、あれは確実な撃墜だったよ」といって、坂井の肩をポンと叩いた。

彼の話によれば、『空の要塞』がつくられてから最初の撃墜であって、アメリカはこの日を『空の要塞』撃墜第一号の記念日にしているという。

苛烈なる空中戦をおえて列機のまつ集合地点へいそぐ零戦

開戦当初、アメリカ側は真珠湾いらい負け戦さで、明るい話題がなく志気も低下していた。それで大本営発表も顔負けするような、デタラメな発表をおこなった。

「コリン・ケリー大尉以下十名の搭乗せるB－17は、ビガンの日本軍上陸地点を襲った。戦艦ハルナ、戦艦ヒラヌマほか約四十隻の日本艦隊に、B－17は五百ポンド爆弾三発を投下、一発はハルナに命中、二発目はヒラヌマに命中、ともに大火災を生じせしめたが、敵艦載機数十の包囲攻撃をうけ、故障を生じたコリン大尉は、B－17を降下させてハルナに体当たりを敢行し、これを撃沈した。コリン大尉の勇戦こそは全軍の範とすべきである」

日本人がこの発表を読めば、だれもが吹き出すだろう。日本海軍にヒラヌマという名の戦艦はなく、戦艦「榛名」は存在したが、このときはマレー水域にあった。アメリカ全土はこの発表に大喜び、コリン・ケリーは軍神となり、オーナー・メダル（名誉勲章）を授けられ、ケリーの息子が将来成長したら、ウエストポイント（陸軍士官学校）に無条件で入学をゆるすという大統領発表をおこなった。

以上が「『空の要塞』に初挑戦」の要約である。

ブラインズが坂井にインタビューした記事は、アメリカの大新聞に発表され、APの大スクープとなった。戦争初期の空の英雄コリン・P・ケリー大尉を撃墜したのは、日本の撃墜王坂井三郎その人である、と米国民に報道されたのだった。

特にアメリカ人は建国以来、英雄好きの国民である。はじめて坂井の『空戦記録』を読んだとき、過去の英雄、デイビイ・クロケット（アラモ砦の英雄、九歳で大熊を倒した）やワイアット・アープ（OK牧場の決闘で有名な名保安官）などもこういうふうに創られてきたのだろうと、妙に感心したものである。

『行動調書』によれば、この日午前、まず新郷大尉の率いる零戦十七機が、九八陸偵に誘導されてビガン上陸地点の哨戒に台南基地を発進した。

坂井は第三小隊長として参加している。

つづいて十一時五分前、浅井大尉の指揮する零戦二十二機が陸偵一機と発進した。これはデルカルメン爆撃の高雄空の一式陸攻二十七機を護衛するものである。

任務　デルカルメン攻撃　指揮官　浅井正雄大尉

1055　fc×二二、偵×一、台南空発進
　（内四機引返す）

1345　デルカルメン上空、銃撃、空戦

1430　戦場離脱

1800　fc×一三　恒春帰着

　　　fc×三　台南空帰着

1645　偵×一　恒春帰着　翌日台南空へ

〈注：fc：艦上戦闘機（零戦）〉

笹井中尉、上平一飛曹、磯崎飛曹長、坂口一飛兵など四機は、エンジン不調など機体不良で引き返した。笹井中尉は開戦第一日の攻撃には参加できず、基地上空哨戒任務にあまんじたので、今日こそはと張り切って出撃したが、エンジン不調で一時間ほど飛行して引き返した。

デルカルメンは厚い雲におおわれていたので、陸攻隊は第二目標のマニラ港の爆撃にむかった。上空に敵影をみとめず零戦隊は、雲下へ出て得意の地上銃撃にうつり、六機炎上、十四機を撃破した。

これは着陸したばかりの第三四追撃飛行隊のP－35で、十二機を破壊、六機が撃破されたという。対空機銃も完備してなかったデルカルメンは機能を停止、一時的に放棄された。

となりのクラーク基地から第一七、第二〇追撃飛行隊のP－40十数機が緊急発進し、デルカルメン地上銃撃中の零戦隊に上空から襲いかかった。銃撃中の浅井大尉の二番機比嘉政春一飛兵（操40、下関出身）が撃墜され、そのまま地上に激突戦死した。

（この機体と彼の遺骨は三月、この地をおとずれた坂井や戦友によって発見され、荼毘にふされた。「蛔虫の政」と書かれた白羽二重のマフラーが決め手になったが、この仇名を命名したのは坂井だったという）

台南空側も反撃、石原進二飛曹、西山静喜一飛兵、島田三二一一飛兵が、それぞれP－40一機撃墜、若尾晃大尉、宮崎儀太郎飛曹長が不確実撃墜を報告してい

蛔虫の政こと比嘉政春一飛兵(右)と坂井

三空の指揮官・横山保大尉

る。

ビガン泊地の上空哨戒にむかった新郷隊は平穏無事だった。アパリとビガンは早朝よりほとんど同時に陸軍部隊二千が上陸開始、予想された反撃はなくそれぞれ飛行場を占領した。

アパリにはB－17三機の別々の攻撃と、P－40の銃撃をうけ、軽巡「名取」に至近弾、第十九掃海艇が被爆し擱座した。ビガンにも敵機の来襲があったが、被害はほとんどなかった。第一四爆撃飛行隊、コリン・ケリー大尉のB－17Cはアパリで爆弾三発を投下しており、「白い大きな波紋が広がった」というのは坂井の見誤りだろう。

高空に出現したケリー大尉のB－17を追跡する新郷隊の前に、突然あらわれた三機の零戦は三空の指揮官、横山保大尉（兵59）とその列機（二番機武藤金義一飛曹、三番機名原安信三飛曹）であった。

横山大尉は零戦三十四機を率いて十時五十分、高雄を発進した。目標はマニラ近郊のニコルス、ニールセン飛行場である。

午後一時四十分、目標上空に到着、五分後P－40、P－35多数を発見、ただちに戦闘を下令し、猛烈な空中戦が展開された。

敵も十分に覚悟して空中戦闘を挑んでおり、戦意もものすごいものがあった。小柄だが頑健な体躯、全身これ闘魂の権化のような横山大尉は、指揮官みずからP－40に突進し、横の巴戦《ともえせん》から下方に追いつめて一撃で撃墜した。

さらに後方から迫ってきたP－35に対し斜め宙返りから距離をつめて、二十ミリの一撃で敵機を空中分解させた。

（本来、戦闘機の指揮官はこうあるべきだ。太平洋戦争の四年間、空中指揮をとりながら一機も撃墜できずに、戦後、日本海軍には公認個人撃墜などはなく、したがってエースも存在しない、などといっている生き残り元指揮官がいる。

こんな闘志のない指揮官のもとに戦った部下がかわいそうだ。少なくとも米海軍戦闘機隊には、こんな軟弱な隊長はいなかった。初代大統領ジョージ・ワシントンの有名な格言がある。「一頭のライオンに率いられたロバの軍隊は、一頭のロバに率いられたライオンの軍隊によく勝る」）

約一時間におよぶ大空戦は、指揮官みずからの奮戦で三空戦闘機隊に凱歌《がいか》があがった。敵機約五十機のうち撃墜三十機、不確実四機と記録されている。米側資料によれば損失はP－40十数機、P－26三機、PBY飛行艇二機となっている。

特筆すべきは小泉藤一飛曹長で、単機よく六機撃墜（うち一機不確実）が記録されている。三空の損害は手塚時春一飛曹が自爆戦死、小島保二飛曹が行方不明。

集合地点にあつまったのは横山小隊のみで、三機は帰途についた。マニラをすぎてまもなく、南下してくるB－17『空の要塞』に遭遇した。これはケリー大尉機に間違いない。

燃料が心配だったが、敵をみて引き下がることはできない。〝見敵必戦〟を使命とする横山大尉は小隊に攻撃を下令し、真っ先にB－17に襲いかかった。

三機は各方向から連続して二撃、共同攻撃をかけたが墜ちない。しかし、ついに敵機の右翼端が吹き飛んだ。操縦困難になったらしく、やがて搭乗員がつぎつぎと落下傘で降下していく。横山機は大きく旋回しながらその上空に出て、その最後を見届けようとした。

気がつくと二番機、三番機も見えなくなり、燃料の残量が気になり、単機で帰途についた。天候も悪化し燃料ゼロになってガランピー岬の海上に不時着、負傷したが漁船に救助されて、そのまま海上をゆられて夜中に高雄港についた。

結局、ケリー大尉のB－17はクラーク飛行場の近くで、ついに発火し、ケリー大尉は他の搭乗員に脱出を命令した。八名中五名が脱出、その後、B－17は爆発して墜落、大尉は戦死した。

横山大尉も撃墜は確認しておらず報告もしなかったようだが、前半は三空零戦が攻撃して、後半は台南空零戦隊が攻撃し、坂井機がトドメを刺したように考えられる。

しかし、坂井の戦果はあくまで非公式だった。

最新の内外資料による『南方進攻航空戦』（クリストファー・ショアーズ、ブライアン・カル、伊沢保穂共著）では、台南空の豊田光雄少尉、山上常弘二飛曹、菊池利生一飛曹、野沢三郎三飛曹、和泉秀雄二飛曹の五機の共同戦果となっている。

さらに同書には原注として、「従来、坂井三郎一飛曹がケリー（同書では大尉でなく中尉）機を撃墜したと

空の要塞B－17爆撃機。翼下のP－26は全幅9.06メートル。零戦は12メートルである

されているが、確かにこの爆撃機との戦闘で小隊長であったが、公式には彼と僚機はこの撃墜に関わっていない。ケリーは死後DSO（特別殊勲賞）を贈られ、この戦争の最初のアメリカの英雄となり、フランクリン・D・ルーズベルト大統領が自らラジオでその殊勲を放送した」と明記されている。

ボーイングB－17『空の要塞』はフライングフォートレス（Flying Fortress）の直訳で、いかにも難攻不落、空の王者といった感じをあたえるが、実は、「敵の軍艦にたいして空から砲弾（爆弾）を打ち込むという意味の要塞としてつくられたもの」である。とくに日本ではこの「要塞」という意味が、いまでも誤解されたままつかわれている。

だから、比島に駐留していた初期型のB－17C／Dは戦闘機にたいして、意外にもろいのが判明した。C型の電気系統を改良し、防弾タンクをつけ、さらに防弾鋼板をつけて改装したのがD型となる。

比島の第一九爆撃航空群所属の三十五機のB－17はすべてこの機体であり、ケリー大尉の機体もD型だろう。

もちろん、C／D型も排気タービン付きで高々度性能は優秀であり、極秘のノルデン式爆撃照準器とともに、全世界の注目をあつめた四発の新鋭重爆撃機だった。

さらに大改造され強力に変身したのがE型で、これぞ『空の要塞』の名にふさわしい機体である。

E型は垂直尾翼にヒレがついて大きくなり、水平尾翼も長くなって飛行安定性能も向上した。

また、尾部に十二・七ミリ連装機銃をあらたにとりつけるなど、機銃を増設、さらに機首をのぞいてすべて機銃は七・七ミリから十二・七ミリ（計十二梃）に変更され、大幅に武装が強化された。

のちにラバウルで坂井も、この強力なE型と対決することになる。

最近、TV（日本映画専門チャンネル）で初めて見た映画に『翼の凱歌』（一九四二年、東宝）がある。監督はナントあの社会派山本薩夫、主演は岡譲二、入江たか子、月田一郎（女優山田五十鈴と結婚、嵯峨美智子の父）で、陸軍一式戦闘機「隼」の開発に関し、兄弟が飛行将校と民間飛行士になり苦労するという物語である。

おどろいたことは、ラストに南方で鹵獲されたB－17Dの実機が登場するのだ。護衛は同じく鹵獲されたP－40九機、新鋭機隼との空戦シーンは、つぎつぎと襲いかかる隼の攻撃をうけつつ、悠々と飛行するB－17の巨大さに圧倒される。

空撮も見事で見応えがあったが、もちろん最後は隼に撃墜されてメデタシ、メデタシで終わる。ふんだんに登場する隼Ⅰ型の軽快な飛行ぶりは、『加藤隼戦闘隊』（一九四四年、東宝）の隼Ⅱ型以上にすばらしく、見ていて爽快な気分になった。

B－17Eと後継機B－29Aの要目性能は次のとおり。

B－17E

乗員	一〇名
全幅	三一・六三メートル
全長	二二・三五メートル
全備重量	二七二二〇キロ
発動機名称	R－1820－65
定格出力	一二〇〇馬力×四

最大速度	五一〇キロ／時
実用上昇限度	一一二〇〇メートル
防御火器	一二・七ミリ×一二
爆弾搭載量	五四四〇キロ

B－29A

乗員	一一名
全幅	四三・三五メートル
全長	三〇・一八メートル
全備重量	六二九〇〇キロ
発動機名称	R－3350－57／59
定格出力	二二〇〇馬力×四
最大速度	五七〇キロ／時
実用上昇限度	一一六一五メートル
防御火器	一二・七ミリ×一〇　二〇ミリ×一
爆弾搭載量	九〇七二キロ

大戦後半に日本を焦土としたB－29は『超・空の要塞』の名にふさわしく、B－17よりも二回り大きいことがよくわかる。

(3)スラバヤの大空中戦

——浅井正雄大尉の最後

台南空は十二月中には比島の制圧を終了し、暮れの三十日にはホロ島へ、昭和十七年一月中旬にはボルネオ島北東タラカン基地、同二十九日には笹井中尉以下、五機の零戦がはやくも同島南東部のバリクパパン基地に進出した。

以後は同基地より次の目標、蘭印（オランダ領東インド）ジャワ島攻略に向かうことになった。

『大空のサムライ』によれば、二月十九日、午前八時、搭乗員整列の号令がかかり、司令斎藤正久大佐から「諸君は、ジャワ攻略部隊の第一陣先鋒として、本日こちらからすすんで先制空襲をかけるのであるが、敵の邀撃戦闘機隊は必ず撃滅するよう」との訓示があった。

八時三十分、新郷大尉指揮の零戦隊二十七機はバリクパパン基地をとびたち、堂々とスラバヤめざして進

南方基地に勢ぞろいした零戦二一型の列線

新郷英城大尉(左)と浅井正雄大尉

撃した。神風偵察機が零戦隊を誘導する。

大編隊は快晴のジャワ海の上空を、進路二百十三度にとって、海また海の空を南下していった。約二時間でバウエン岩（バウエアン島）が右下方に見えはじめ、さらにジャワ本島も視界にはいってきた。

一時三十分、スラバヤ上空に突入――そのときすでに敵機は、ほとんど同高度（六千メートル）でわれわれを迎え撃つために舞い上がっていた。各十七、八機くらいの編隊が、三団に分かれて上空を旋回していたが、あっというまもなく彼我いりみだれての空戦にはいってしまった。

われに倍する敵機群と、ほとんど同高度で遭遇したために、最初から混線模様の乱戦になってしまった。

新郷指揮官以下九機、敵は十七、八機。たがいに接近して左旋回で戦闘にまきこんでいったが、敵もなかなか勇敢で闘志満々だった。機種はなにかとよく見ると、いままで一度も遭遇したことのないカーチスP－36が主力らしく、ほかに見なれたP－40も数機まじっていた。

このときP－36一機が、坂井機に向かって突進してきた。右に急旋回してP－36の追尾にはいる。ぐんぐん距離をつめて五十メートル。さらに四十メートルにつめて全機銃を撃ち込んだ。

敵機の胴体と両翼の根元に確実に命中！　瞬間、敵機は右翼を付根から吹き飛ばされて空中分解をおこし、錐もみ状態で墜ちていった。翼に描かれた黄色い三角の蘭印軍のマークが、あざやかな印象となって坂井の目に残った。敵の操縦士は脱出することができなかった。

さらに空戦はつづき、零戦隊はつぎつぎと敵機を撃墜していく。坂井機も二機目の敵機に火を噴かせたが、乱戦で撃墜を確認しているひまはない。急上昇で空戦場へ引きかえしていった。

そのときである。胴体に青い線を二本描いた零戦が、坂井機の目前二百メートルを横切った。浅井中隊長機だなと思った瞬間、浅井大尉機が、突然、大爆発をおこしたのだ。次に見直したときは、もう空中にはなにも残っていなかった。

ところが、浅井大尉機に弾丸を撃ちこんだと思われる敵機はどこにもいない。またこの混乱した大空戦の

陸攻を背にした坂井三郎二空曹。中国戦線にて

最中に地上砲火を撃ちあげるはずがない。

では、どうして？　あとでよく考えたが、やはり運悪く流れ弾が、それも二十ミリ機銃の弾倉にあたったのではないか。それ以外に爆発を起こす原因は考えられない。

空戦がはじまってから、もう三十分もたったような気がして、帰りの燃料も気になるので、時計をみると、実際には六、七分しかたっていない。しかし、さしもの乱戦も終幕に近づいていた。もうほとんど味方の零戦ばかりで、わずかに残った敵機は、はるか遠方に黒点となって消えていく。

戦闘は終わったのだ！　味方零戦隊は、がっちりと編隊をくんで、高度二千五百メートル付近を悠々と旋回している。味方の被害が気になり機数をしらべてみた。すると、二十何機かいる！　きょうは大勝利だぞ！

空戦が終わったので、スラバヤ飛行場の格好をよく見ておこうと、坂井は地上に目をうつした。スラバヤ飛行場は静まりかえっていた。つづいてスラバヤ海峡からスラバヤ市街に目を転じたところ、下方を敵一機が南へ飛んでいるのを発見した。

よし！　帰りがけの駄賃にこれも食ってやろう。坂井機は急降下し、禁じられている深追いにはいっていった。

早く墜とそうとあせった坂井は、遠くから第一撃をはなったが命中しない。これで気がついた敵Ｐ－36は頭を下げ全速で逃げはじめた。

こいつはしまった。――帰ろうかと一瞬ためらったが、ままよ、毒食わば皿までもだ、坂井機も高度を下げて追跡した。

地上二十メートル、敵はジグザグに南方に逃げはじめた。森を飛び越え、民家を飛び越えどこまでも必死に逃げる。

まもなく敵のマラン飛行場が見えてきた。かまわずエンジンをオーバーブーストにいれ追い込んだ。敵との距離は五十メートル、いまだ！　坂井はＰ－36の操縦席めがけて発射把柄をひいた。二十ミリは弾丸がなく、七・七ミリが敵の操縦士をつらぬいた。敵は田圃のなかに突っこんでひっくりかえった。

坂井は左急旋回で味方のいる方向に帰りはじめた。

弾丸はすでに一発もなく、高度は低いし、敵機に襲われたら処置なしである。やはり深追いはするものでないと後悔しながら、全速力で味方集合地点へ向かった。マズラ島北方二十浬、高度四千メートル、左旋回で味方編隊は待っていてくれた。

この日の空戦で、あっぱれな働きをした零戦の中に、誘導機を救出した零戦がある。スラバヤ上空まで誘導してくれた陸偵は、ひとまずマズラ島の北方に退避して、そこで旋回しながら空戦が終わるのを待つことになっていた。帰路また戦闘機隊の誘導をするのが任務だった。

陸偵は無防備なので敵戦闘機に襲われればいちころである。ところがその陸偵の搭乗員もはるかに見える大空中戦につられて、うっかりと空戦場に近寄りすぎた。俄然、敵戦三機に発見され、落とされる寸前まで追い込まれた。

零戦隊の中田二飛曹が、これを見つけて陸偵の救出に向かい、敵の三機をバタバタと叩き落としてしまった。実は陸偵の搭乗員と中田二飛曹は霞ヶ浦の同期生だったのだ。出発前にやられそうになったら俺が助けると約束していたという。

この日の戦果は、撃墜四十数機、邀撃してきた敵戦闘機は大部分を撃滅した。その後はこの方面では大した空戦はおこらなかった。味方の被害は二、三機だった。久方ぶりの快勝にバリクパパンの基地はわき立った。

浅井大尉は、温厚な、そして沈着な人で、なかなかハンサムでもあった。とくに文章と絵がうまくて、戦いの余暇には基地付近で絵筆をとってスケッチなどしていた。

浅井大尉の遺稿の一部が、昭和十七年の『新女苑』に、絵もそえて載っていた。やさしく、しかも勇敢な青年士官であった。

以上が「スラバヤの大空中戦」の要約だが、この話もかずかずの疑問点がある。傍線部分を中心に検証してみたい。

まずは、もっとも信頼できる『行動調書』をしらべてみよう。

昭和十七年二月十九日　スラバヤ攻撃

	操縦員	機銃弾	被害	効果
〈第一中隊〉				P－40撃墜八機（内一機不確実）
第一小隊	1新郷英城大尉	六一〇	無	
	2山上常弘二飛曹	五一〇	被弾一	
第二小隊	1坂井三郎一飛曹	九一〇	無	
	2野沢三郎三飛曹	一一一〇	無	
	3横山　孝三飛曹	一〇〇	被弾二	
第三小隊	1田中国義一飛曹	九一〇	被弾一	
	2本田敏秋三飛曹	四一〇	無	
〈第二中隊〉				P－40撃墜九機（内二機不確実）
第一小隊	1浅井正雄大尉	一三一〇？	自爆	
	2篠原良恵二飛曹	四一〇	無	
	3久米武男三飛曹	六一〇	無	
第二小隊	1宮崎儀太郎飛曹長	五一〇	無	

(3)スラバヤの大空中戦

	2湊　小作三飛曹	六一〇	無
	3上原定夫三飛曹	五一〇	無
第三小隊	1有田義助二飛曹	四一〇	被弾一
	2本吉義雄一飛兵	一五〇	無

〈第三中隊〉

第一小隊	1笹井　醇一中尉		無
	2石原　進二飛曹		無
	3西山静喜一飛兵		無
第二小隊	1佐伯秀男一飛曹	無	無
	2石井静夫三飛曹		無
	3安達繁信三飛曹		無
第三小隊	1上平啓州二飛曹		無
	2大正谷宗市三飛曹		無

上空支援

スラバヤ攻撃　指揮官　新郷英城大尉

１０３０　三二二基地（バリクパパン）発進　ｆｃ×二三　陸攻隊と同時進撃
１２５５　陸攻隊と分離　戦闘機隊単独スラバヤに向かう
１３１５　スラバヤ突入
１３２０　Ｐ－40三〇機発見之と空戦　一七機撃墜（不確実三機）
　　　　　二中隊長（浅井大尉）自爆
１３５５　帰途に就く
１６４０　ｆｃ×二二　帰着

撃墜一四機　不確実三機　撃滅計一七機　敵機数約三〇
自爆戦死一　被弾五

綜合評点　特

坂井はジャワ本島への攻撃は、この日のスラバヤ攻撃がはじめてのように述べているが、『行動調書』その他によれば、すでに二月三日に三空と合同での攻撃（マラン、スラバヤ南百二十キロ）を皮切りに、四日（スラバヤ、坂井参加）、五日（スラバヤ、坂井参加）、七日（スラバヤ周辺）、八日（バリ島デンパサル、坂井参加）、九日（マラン）、十八日（マウスパテイ、スラバヤ西三百キロ）と数回実施されている。

二月十九日のスラバヤ攻撃は新郷大尉率いる零戦二十三機。坂井は陸偵誘導のもとに零戦二十七機、戦闘

編隊飛行中のカーチスＰ－36モホーク戦闘機

機隊の単独進攻とのべているが、じつは高雄空の一式陸攻十八機との共同進撃であった。

　陸攻には航法を担当する偵察員がいるので、誘導の陸偵は必要としない。従って零戦隊の中田二飛曹が敵機に追われていた、同期の陸偵を助けたという麗しい戦友愛の話もなかったことになる。（中田二飛曹という名は、調書には見当たらない）

　出発も八時半ではなく十時半だった。調書にある（防諜の理由から）三二二基地というのは、バリクパパン基地のことである。

　坂井は快晴のジャワ海上空を南下した——というが、じつはスラバヤ上空一帯は悪天候で、陸攻隊はやむなく爆撃を中止し引き返している。

　戦闘機隊は雲下へ出てそのまま進撃、スラバヤ上空でＰ－40約三十機と遭遇、第一、二中隊の十四機が空戦、約三十分間の空戦で十七機撃墜（うち三機不確実）の戦果をあげた。笹井中尉指揮の第三中隊は上空援護にまわり、切歯扼腕《やくわん》しながら味方の空戦を見守った。

　坂井は敵機五十数機、しかもオランダ軍のカーチスＰ－36モホークで、坂井自身このうち三機を撃墜する会心の空戦だったとのべている。

　しかし、この日、台南空零戦隊を邀撃したのは、米軍臨時第一七追撃飛行隊のＰ－40Ｅ十八機だった。彼らは豪州ブリスベンで編成され、一月下旬ジャワ防衛のためにスマトラに到着したが、同隊パイロットの十四名は比島で日本軍と戦った生き残りで、残り四名がカリフォルニアから到着したばかりの新米だった。

　同隊の被撃墜は三機で、マホニー大尉、レーン大尉ほか一名が撃墜されたが、パラシュート降下して無事だった。

　戦果は両大尉の零戦一機撃墜をはじめ、零戦計五機撃墜を主張しているが、味方は第二中隊長の浅井大尉一機のみは調書のとおりである。

台南空の確実十四機撃墜の報告は米側以上にかなりオーバーである。P-40もこのあとニューギニアで対決するP-39も格好は悪いがタフで、脆弱な日本機とはちがって、撃たれて穴だらけになってもなかなか墜ちない。

零戦の銃弾が命中し、敵機は火や煙を吹いたので墜としたと思っても、すぐ消えて墜ちていないのだ。傑作機とはいえないが、機体が頑丈で防弾防火にすぐれ、稼働率もよく、計一万三七三三機も製造された（ナント零戦より多い）ということは、使い勝手がよかったからだろう。

この機体も日本ではかなり過小評価されているが、その主因は南方で鹵獲されたP-40をテストし、隼や零戦などの軽戦と模擬空戦をやって、旋回性能が極端に悪い。従ってこれはお粗末な戦闘機だとの烙印《らくいん》を押して満足している。

しかし、これは日米の文化の違いで、柔道とボクシングの異種格闘技のようなものだろう。一撃離脱の突っ込み速度の優秀さ、米軍戦闘機のなかで初めてブローニング十二・七ミリ機銃（キャリバー50）六梃を採用した重武装、ガンカメラや機内ラジオなど先端技術の優秀性などを考えれば、これはこれで立派な兵器である。

少し古いが、『戦闘機対戦車』（原題 Death Race）というTV映画がありました。ラジエターと翼に被弾して、鶏みたいにフワリ程度しか飛べないダグ・マクルーア君のP-40と、追跡する偏執狂ロイド・ブリッジェス将軍指揮する独軍戦車との、砂漠の追いかけがえんえん続くアフリカ戦線のお話です。最後はP-40もエンストし絶体絶命、しかし、将軍は部下に殺されメデタシメデタシ。

映画とはいえP-40の特性を見事にとらえており、タフな機体で直径の大きな太いタイヤと、頑丈でカバーのない主脚は確かに砂漠向きです。残念ながら華奢な零戦にはこんな真似はできません、すぐに脚が折れます。

この日の空戦相手は、坂井のいうオランダ軍のP-

36モホークではなく『行動調書』にあるP－40が正しいことがわかった。

ほかにも天候、陸攻や陸偵の有無、敵味方の機数、残弾ゼロではない、などあまりにも坂井の記憶と違いすぎる。明確に一致するのは、浅井大尉の最後だけである。

『大空のサムライ』は坂井が記憶を頼って書き上げたものであり、間違いは当然である。が、この「スラバヤの大空中戦」の話は二月十九日の出来事とは全然ちがうようである。

斟酌《しんしゃく》すれば、それまで数回あったスラバヤ攻撃の集大成として、まとめて書き上げたものではないだろうか。

たとえば去る二月五日にも、スラバヤ攻撃がおこなわれた。指揮官新郷大尉率いる零戦二十七機、陸偵（上別府義則二飛曹操縦）が誘導し、坂井は一中隊二小隊長で出撃しP－40を一機撃墜している。さらに八日スラバヤ攻撃、十八日マオスパティ（ジャワ島中部）攻撃にも参加している。

これらのまとめとして、若干の読者サービス（?）もふくめて、おもしろく書いたものではないか。『大空のサムライ』を通読してまず気がつくことは、米豪蘭支各国の戦闘機と幾多の空戦を展開するが、一度として類似の空戦の話はまったく出てこない。じつにバラエティに富んでいることだ。

それだけ実に細部まで計算され、緻密《ちみつ》に構成されていることに気がつく。

坂井の話は記憶のみによるとはいえ、すべて真実の出来事を書き残していると彼自身も述べている。戦後数年たっての記述である、ものすごい記憶力の「語り部」だと感心せざるをえない。

空戦技術のみならず、頭脳明晰《めいせき》、さすがは三十八期操練を首席で卒業しただけのことはある。それだけに誤解され中傷されることもあった。

「敗軍の将、兵を語らず」「サイレント・ネービー」などといって、かたくなに沈黙をまもっている元軍人も多い。昔あるとき取材を申し込んだら、「戦争の話はしたくない、もう終わりにしたい」と断わった元パイロットもいた。

「歴史が人をつくり、人が歴史をつくる」

同じ誤りをしないためにも真実の歴史を後世に伝えるのは、体験者の義務であると考える。文章の巧拙などは関係ない、書いたものは必ず残る。これもわれわれ歴史業界では広義の意味で「紙碑」と呼んでいる。

この日、文武両道の名指揮官、浅井正雄大尉（兵63）が戦死したのは惜しまれる。直ちに全軍布告二階級特進した。当日基地にいて浅井大尉の訃報をきいた、海軍報道班員だった吉田一は次のように書き残している。

「昨日はじめて会った浅井大尉だったが、戦闘機乗りには珍しく静かで無口な分隊長で、きれいな目の澄んだ彼の印象は、強く私の頭の中にのこっていた」（『零戦とともに』）

（4）なんじ心おごりしか

――ジャワの土

二月二十五日、新郷大尉率いる十八機の零戦隊は、マラン基地の残存敵戦闘機を撃滅の命をうけバリクパパン基地を発進した。坂井は第一中隊第二小隊長だった。

二時間がたち、やがて、編隊は高度四千メートルでスラバヤ上空にたっした。

その時、後方にフロートをつけた複座、複葉の偵察機らしきものを発見した。

坂井はただちに中隊長（？）に知らせ、小隊列機をつれて攻撃に向かった。

敵機の真後ろに忍び寄り、二百メートルから一撃を浴びせかけた。が、敵機の速力が遅すぎて射弾が全部オーバーしてしまった。

敵はくるくる身軽に旋回しながら逃げて行く。坂井はスロットル・レバーをしぼり、速力をおとして、慎重に敵の後方にまわりこんだ。

距離百メートルから四十メートルまでのあいだ、七・七ミリを撃ちつづけた。

今度はみごとにきまった。弾丸は敵の搭乗員を二人とも貫いたらしく、くるくると錐もみ状態でおちていった。

基地員に見送られ、砂煙をあげて南方基地を出撃する零戦二一型

南方での戦訓から零戦の塗装が変えられた。写真はスプレー・ガンにより迷彩塗装された零戦二一型

大急ぎで本隊を追尾していると、敵のダグラス輸送機に出会った。

撃墜するのは簡単だが、色気をだして鹵獲して基地までつれ帰ろうとしたが、これは失敗。敵は必死で、目前の雲中に逃げられてしまった。

本隊はマラン飛行場上空を旋回していたが、敵機はすでに避退したらしく上空には機影は見当たらない。新郷隊長は地上銃撃にはいった。目標は飛行場のまん中にならんでいる、B－17三機である。

新郷大尉の第一撃はなぜか、全部オーバーして前方のドラム缶に命中して部下の面前で赤恥をかいたが、つづく零戦の攻撃でB－17は全機炎上した。

坂井は別の目標を物色し、オトリ機の間に本物の双発機を発見、命中弾をあたえたがガソリンが抜き取ってあるらしく炎上しなかった。

あまり低く降りすぎたため、飛行場の水溜りに撃ちこんだ二十ミリ機銃弾のハネ返りが、泥水の飛沫となって坂井機の遮風板にはねかかった。坂井は風防のジャワの土を土産にして基地へ帰った。

忙中閑あり。椰子の実をかかえる坂井一飛曹

というのが、「なんじ心おごりしか」の要約である。ところが、二月二十五日は坂井の述べているようなマラン飛行場攻撃はおこなわれていないのである。『行動調書』には、任務「スラバヤ攻撃中攻隊掩護」として牧幸男大尉率いる零戦九機が、バリクパパンではなくパンジェルマシンを発進している。

第二小隊長は笹井中尉、第三小隊長は最近、台南空に転属してきた超ベテランの半田亘理飛曹長（名前をご記憶願いたい）。

高雄空の一式陸攻二十二機を護衛してスラバヤを攻

撃、邀撃してきたP－40十三機を発見。

一小隊が上空援護（敵を発見せず？）、二、三小隊のみが空戦し、P－40八機（うち四機不確実）を撃墜、凱歌をあげて戦爆とも全機が無事に帰還している。

綜合評価はA。

米側資料によれば、邀撃したのは毎度おなじみだが、新着のマッカラム大尉（この名前から彼のルーツはスコットランドだとわかる）に率いられた臨時第一七追撃飛行隊のP－40十二機だった。

彼らは爆撃機をねらったが、上空から零戦にかぶられ苦戦した。

それでもまた零戦三機撃墜を主張しており、米側はマッカラム大尉が零戦一機撃墜後、激しく射たれてベイルアウトしたが無事生還、損害はそれ一機だけだったという。

台南空は四機、米側は三機撃墜と、この日もそれぞれオーバーな数字を主張しあっている。

まったく不思議な気もするが、これが空中戦の実態である。

では、これはいったい、いつの出来事だったのだろうか。

各資料を当たってみたが、どうやらこれは去る二月十八日、マウスパテイ飛行場攻撃時の出来事だと考えられる。

この日、新郷大尉率いる零戦十五機は、バリクパパンを発進し、ジャワ島中部のマウスパテイ敵基地へ戦闘機だけで殴り込みをかけた。坂井一飛曹も第二小隊長（二番機和泉秀雄二飛曹、三番機横山孝三飛曹）で参加している。

『行動調書』によれば、次のように記載されている。

任務：マウスパテイ攻撃
指揮官　新郷英城大尉　fc×一五
1015　三二二基地発進
1310　マウスパテイ飛行場突入
　　　中型二機撃墜（地上二機撃破）
1325　戦場離脱
1600　全機帰着

坂井機に撃墜された複葉複座のフォッカー水上偵察機

飛行場上空に敵影がなかったので、零戦隊は地上攻撃にはいり、ブリュスター・バッファロ戦闘機二機を撃破した。中型二機撃墜というのがよくわからない。

坂井一飛曹が撃墜したというフロート付きの水上偵察機はオランダのフォッカーC-XIW（最大速度二八〇キロ／時、乗員二名）で、このなかにふくまれているのだろう。

この水上偵察機はABDA（米、英、蘭、豪）連合艦隊旗艦、カレル・ドールマン少将が座乗するオランダ軽巡洋艦「デ・ロイテル」（六四五〇トン）の搭載機だった。

同巡洋艦は当時、僚艦の軽巡「ジャワ」とともにジャワ島中央南部のチラチャップ港に停泊していた。（ジャワにジャワがいてややこしい）

坂井はマランの手前で同機を発見、撃墜したというが、マランはチラチャップ港の東約五百キロにあり、下駄履き機の連絡飛行にはかなり遠い距離である。マウスパテイは同港の北東二百キロで、こちらのほうが距離的にも近く、この日の攻撃目標だったことからも納得がいく。

なお、「デ・ロイテル」は僚艦「ジャワ」とともに明くる十九日夜に出港、バリ島上陸の日本船団阻止にむかう。

その後も優勢な日本海軍を相手に勇戦敢闘したが、二十七日、スラバヤ沖海戦で日本海軍の重巡「那智」「羽黒」に両艦とも撃沈され、ドールマン提督も同艦と運命を共にした。

同じくこの十八日、新郷大尉の攻撃隊とは別に、浅井正雄大尉の率いる零戦八機が高雄空の陸攻二十一機を掩護して、スラバヤ攻撃をおこなっている。陸攻隊は港内停泊中の軽巡二隻、駆逐艦三隻を水平爆撃し爆破したと報告。

零戦隊は邀撃してきたP－40二十機と空戦、篠原良恵二飛曹の三機撃墜（うち一機不確実）を筆頭に、九機を撃墜（うち不確実三機）したが、陸攻三機を失っている。

第二中隊長の笹井中尉も一機撃墜を報告しており、これが彼の二機目の撃墜とおもわれる。（初撃墜は二月三日、スラバヤ上空で記録）

アメリカ側はグラント・マホニイ大尉率いる臨時第一七追撃飛行隊のP－40十二機が迎撃し、陸攻六機の撃墜を主張している。P－40は二機が撃墜されたが、一名はベイルアウトし、もう一名は胴体着陸して、いずれも乗員は無事だった。

臨時第一七追撃飛行隊は、当初、比島脱出の残党パイロット十四名を基幹として、あとは本国から送られた新米ばかり、約四十名とP－40約三十機で編成された。

精強な三空と台南空の零戦を相手に、三月初旬に豪州に引き上げるまで健闘したことは賞賛に値する。

(5)バッファロとの戦い

——ブリュスター戦闘機に初見参

つぎは、ビヤ樽に羽根の生えたような不格好な戦闘機、ブリュスター・バッファロとの最初で最後の珍しい空戦の話にうつる。

『大空のサムライ』によれば——

二月二十八日、新郷大尉指揮する台南空零戦十二機は、一式陸攻十二機を掩護して、スラバヤ中部南岸のチラチャップ港攻撃に向かった。坂井一飛曹はこの日も第二小隊長だった。午前十時、マカッサル基地から飛来した陸攻隊と、バリ島飛行場の上空、高度六千メートルで合同し、一路チラチャップに向かった。

午後十二時、チラチャップ港上空に到着したが、港内には一隻の船影も見えない。やむをえず陸攻隊は港湾施設を爆撃、みごと命中した。もちろん敵機の反撃もない。

マラン上空で初見参したブリュスター・バッファロ戦闘機

陸攻隊とジャワ海上空で別れたのち、戦闘機隊はマラン、スマランの敵飛行基地の攻撃に向かった。

マラン上空に近づいたころ、行く手に巨大な積乱雲が立ち上っていた。その巨大な雲の柱のまわりを、ずんぐりした飛行機が四機、ぐるぐると回っているのが見えた。近づいてみると、それはバッファロだった。初めてお目にかかる新機種である。

高度は六千メートル、いっせいに増槽を落とし、戦闘開始だ。敵は二機ずつ相前後した四機編隊だ。味方十二機は、われ先にと、この敵に向かって突っ込んでいった。坂井は後列の敵をねらった。

——よし、きょうの第一撃は俺がやってやる！　気負いたって敵機に近づいた。前方の二機に目をやると、もうすでに敵一番機には、味方零戦が喰いついて黒煙を吐かせている。なんてすばやい奴だろう。

坂井機にねらわれたバッファロは、大きく左旋回をうったが、一旋回もしないうちに、坂井機はピタリと真後ろにとりついた。敵機は後ろについた零戦をふりはなそうともがくが、それは無理だ。

敵機との距離二百メートル、少し遠いが坂井は機銃の引き金をひいた。いつもなら百メートル以内で引き金をひくのだが、きょうは味方に横取りされるおそれがあるので、少し遠いが早めに撃ってしまったのだ。

ところが幸いにも、何発かが命中してしまった。大した手応えもなかったが、それでも敵機の尾部から黒煙が噴きだした。そして、意外にもあっけなく、スローロール（『大空のサムライ』では緩降下とあるが、正しくは緩横転）をくりかえしながら墜ちてゆき、やがて下方の積乱雲の中にスポンと呑まれてしまった。

坂井の与えた傷は、敵にとってかならずしも致命傷ではないかもしれない。しかし、乱気流の渦巻く積乱雲のなかに捲き込まれては、絶対に助からないのだ。日本海軍の戦闘機でも、積乱雲に突っ込んで助かったものは、坂井の知るかぎり一人しかいない。

それほどの、いわば魔神の怪力をもつ積乱雲のど真ん中へ、しかも手傷を負ってとびこんだのだから、あのバッファロは絶対に助かってはいまい。坂井は深追いをやめて、残りの敵機を探したが、はるか遠くの積乱雲のはしのほうへうまく逃げ込んでしまった。

坂井の長い空戦生活で、バッファロと会敵したのは、これが初めてであり、しかもこれが最後であった。

以上が坂井のジャワにおける最後の空戦、珍しい戦闘機「バッファロとの戦い」の要約である。さっそく検証してみよう。

二月二十八日の『行動調書』には次のように記されている。

任務　スラバヤ攻撃中攻隊掩護　指揮官　川真田勝敏中尉

	操縦員	機銃弾	被害	効果
第一小隊	1川真田勝敏中尉		無	中攻隊掩護
	2日高義巳二飛曹		無	
	3湊　小作三飛曹		無	
第二小隊	1坂井三郎一飛曹	一六〇	無	バッファロ一機撃墜
	2山上常弘二飛曹		無	

第三小隊

3島川正明一飛兵　無
1佐伯義道一飛兵　無　中攻隊掩護
2野沢三郎三飛曹　一三〇　無　バッファロ一機撃墜（不）
3石井静夫三飛曹　無

1510　三三八基地発進
1620　ブリンビン上空に到達するも、雲のため目標発見に到らず目標をアユに変更
1640　バッファロ四機と遭遇、二機撃墜（一機不確実）
1700　アユ中攻隊爆撃、帰途につく
1830　全機　基地帰着

坂井の記憶ではこの日、新郷大尉率いる零戦十二機と陸攻十二機の戦爆連合は、スラバヤ中部南岸のチラチャップ港爆撃に向かったとあるが、かなり違うようだ。

まず指揮官はいつもの新郷大尉ではなく川真田勝敏中尉（兵67）、笹井中尉のコレス（同期）である。零戦も十二機ではなく三小隊の九機だった。目標もジャワ島中南部チラチャップ港ではなく、東南のブリンビン（スラバヤ西約五十キロ）飛行場だった。ここまで間違いないのは坂井の二小隊長だけである。

なぜこんな記憶違いをしたのだろうか。ひとつ考えられることは、この三日後、三月三日に笹井中尉の指揮する零戦六機のチラチャップ攻撃が実施され、坂井も第二小隊長として参加している。

事実、『坂井三郎空戦記録』では、「三月四日、チラチャップの軍事施設爆撃のために一式陸攻十二機が出

撃、その援護のためにわれわれ零戦隊十二機が出動することになった。笹井中尉が指揮官、私（坂井）は第二小隊長として参加した」とあるのに、『大空のサムライ』ではなぜか、新郷大尉にかわっている。理由はよくわからない。

また調書にある三三八基地というのは、いままでの三二二基地：バリクパパンではなく、ボルネオ島最南部のパンジェルマシン基地で、二月二十二日から使用されている。

二十七日はスラバヤ沖海戦がはじまり、ABDA連合艦隊の旗艦「デ・ロイテル」と僚艦「ジャワ」が撃沈され、大勢が決した日である。

翌朝、度重なる爆撃で荒廃したスラバヤ港には、海戦から傷ついて脱出した英重巡「エクゼター」（八三九〇トン、イクシターと発音する）と「ポープ」「エンカウンター」二隻の駆逐艦がいた。

三隻とも爆撃をまぬがれてスラバヤ港を脱出し、その夜セイロンへ向かったが、明くる三月一日、日本海軍の重巡四隻（那智、羽黒、足柄、妙高）に発見され砲戦、衆寡敵せず撃沈された。一九三九年十二月、独ポ

南方基地に進出した零戦二一型。左手前の空襲による爆弾の穴がなまなましい

電熱服を身にまとって上空哨戒へ飛び立つ寸前の坂井三郎二空曹。中国戦線にて

ケット戦艦「グラーフ・シュペー」撃沈にかかわった栄光ある英重巡「エクゼター」もここに沈んだ。同伴の駆逐艦二隻もまもなく後を追った。これをバタビア沖海戦という。

台南空のブリンビン基地攻撃は、そのための航空支援ともいうべき作戦だろう。ブリンビンが雲におおわれていたので、目標をマラン西郊のアユ飛行場に変更し爆撃した。

ここでビヤ樽バッファロ四機を発見し、坂井一飛曹機と野沢三飛曹機は真っ先に敵機に突進した。調書にあるとおり、その間、零戦隊は陸攻に随伴して援護していたことがわかる。

坂井機のねらった敵機は、手負いのまま積乱雲のなかに突入したが、坂井は自信があったのか、撃墜確実一機と報告した。

野沢機のねらった敵機は黒煙を吹きながら、やはり積乱雲のなかに逃げたのだろう。彼は不確実撃墜と報告した。

坂井機のねらった敵機ブリュスター・バッファロはオランダ陸軍の所属機で、海軍型のF2AではなくA、着艦フックなどをはずした陸軍型のB－339Dバッファロである。

この日午前九時、臨時第一七追撃飛行隊のP－40十二機と、オランダ陸空軍（1－VIG－V：第五航空軍第一飛行隊）のバッファロ四機はネグロ（ブリンビン）飛行場を発進し、空中警戒パトロールを実施した。

なにごともなかったので、彼らは一度基地にもどった。午後二時、戦爆連合の日本機多数来襲の警報で、ふたたびスクランブル発進した。

P－40隊のほうは過酷な使用でエンジン不調機などがあり、発進がおくれて爆撃隊への攻撃ができなかった。

バッファロ四機は迎撃にむかったが、突然、零戦の攻撃をうけ、一機が撃墜され、パイロットのC・A・フォンク少尉が未帰還となった。

彼は坂井のいうとおり、一撃をあびたのち積乱雲に捲き込まれ、そのまま地上に墜落したのだろう。

坂井は日本海軍で積乱雲に捲き込まれて助かったパイロットは一人しか知らないとのことで、名前をあげてない。

が、実はそれは彼自身のことかもしれない。日本軍のパイロットたちからは〝ビヤ樽〟と蔑称され、ジャワ、マレー、ビルマなどで零戦、隼の好餌となったバッファロだが、唯一フィンランド空軍はこの機体で、練度の低いソビエト空軍に圧倒的勝利をおさめている。

一九四一年六月二十二日、ドイツ軍のソ連侵攻に派生して、第二次ソビエト・フィンランド戦争が始まった。アメリカから譲渡された、わずか四十四機のブリュスターＢ－２３９（バッファロ）戦闘機は、勇戦して十倍のソ連機にたいして、逆に十対一の撃墜比率を誇ったのである。

フィンランド第二位のエース、Ｈ・ウインド大尉などは、総撃墜数七十五機のうち、なんと半分以上の三十八機、第一位のＩ・ユーティライネン曹長（最終撃墜数九十四機）は三十四機を、バッファロで撃墜している。

彼らはバッファロの速度（五一七キロ／時）、旋回性能、安定性、航続力、防弾、武装（十二・七ミリ×四）などあらゆる面で満足しており、英米からソ連へのレンドリースのスピットファイア、ハリケーン、Ｐ－39、Ｐ－40や新鋭機Ｙａｋ－７などを圧倒し、信じられないような活躍をした。

弘法は筆を選ばず（？）というか、戦闘機とハサミは使いようというか、飛行性能がある一定の水準に達していれば、あとはパイロットの経験、腕次第ということになるようだ。

第二章　死闘の果てに悔いなし

(1)帰国の夢やぶれて
——地獄のラバウルへ

昭和十七年三月初旬、比島、ボルネオ、ジャワの広大な地域に散らばっていた台南空は、バリ島に集結した。ジャワ島の完全攻略も目睫の間にせまり、坂井たちはつぎの作戦命令を待っていた。

バリ島の休養にもそろそろ飽きて、若い搭乗員たちが退屈を感じはじめたころ、内地帰還の噂が隊内にひろがった。それも戦地に長いものから帰還がゆるされるというのだ。

大村空にて。革ジャン姿の坂井二空曹

思えば坂井は、昭和十四年の秋に内地を出てからすでに二年半、隊内でももっとも長い戦地生活をつづけてきたひとりだったので、久方ぶりの内地での生活を夢みて胸を躍らせていた。

三月十二日、山下政雄少佐が新郷英城大尉の後任として、内地から到着し、新飛行隊長に着任した。

「新郷大尉は転属となった。いまから、内地に帰還する者の名を呼ぶ」

山下少佐が内地帰還組の名を呼びはじめると、みんなはシイーンとして耳を傾けた。坂井はいの一番に自分の名が呼ばれるかと胸をときめかしたが、ついに読み上げられた七十名のなかには入っておらず、その落胆ぶりは、われながら可哀そうだった。

帰還組は約半数で、名目は、東京防衛ということだった。じつはこの頃すでに、ミッドウェー攻略計画が着々とすすめられていて、帰還組はこの作戦に転用されるのであったが……。

坂井はあきらめきれずに、新任の山下飛行隊長に聞いた。

「どうして私は帰れんのですか」

山下隊長はにやりと笑いながら、

「貴様は別だ。われわれは、これからニューブリテン島のラバウル基地へ進出する。貴様もいっしょに行ってもらわねば困る」

すげない返事である。まったくがっかりしてしまった。坂井は自分を慰めた。

開戦のときから、この戦争で勇戦奮闘して死ぬ覚悟をきめていたではないか。新戦場のラバウルにいくが、司令はじめ幹部の人たちが、〝坂井、お前は別だ〟といった。これからも台南空は坂井を必要としているのだ。それだけでも満足に思うべきだ。

それからまもなく、坂井たち居残りラバウル組は愛機の全部を、内地帰還組にゆずり渡して、貨物船小牧丸の船倉に詰め込まれ、ラバウルへ向けて出帆した。ラバウルはバリ島東方二千五百マイル、さすがに脚の長い零戦でも空輸はできない。

船内は、まるで焦熱地獄だった。ジメジメ湿った暑苦しい船内で、汗がからだじゅうから流れだし、塗装の臭いが鼻をつき、搭乗員たちは、みんなまるで半病人だった。

途中、チモール島クーパンへ入港した。われわれは上陸して飛行基地で一泊したが、高雄の三空が進出しており、豪州ポートダーウィンを攻撃している最中で、新手の敵戦闘機スピットファイアをばたばたなぎ倒して意気軒昂としていた。

ここで、クラスの岡崎上飛曹と再会したが、翌日にはふたたび乗船し、今度はたった一隻の護衛艦にも見放されて、単独航海でノロノロと東へ東へ、もの憂い航海がつづけられた。坂井は、なんとなく気分がすぐれず食欲もなく、いつとはなしに寝ついて起きられぬからだになってしまった。

坂井の病気は日毎に悪化し、ときおり自身も死ぬのではないかなどと思った。しかし、そのとき、ひとりの若い中尉が坂井の傍につきそって介抱してくれた。それが、わが隊の新分隊士、笹井醇一中尉であった。

この中尉の友情と介抱が、やがて坂井を元気づけ、しだいに快方に向かわせ、そして一週間目には甲板に出られるようになった。

船はやがてラバウルへ入港した。しかしなんという光景なのだ。バリ島が楽園なら、ラバウルはまるで地獄。飛行場は狭く埃っぽい。しかもこの呪わしい飛行場の背後には、気味悪い火山が突っ立ち、地面は絶え間なく振動して火山はうめくように鳴りながら、黒煙をもくもくと噴きあげている。まさしく地獄の一丁目だ。

一度張りつめた気持がゆるんだのか、坂井はまた寝込む破目になり、山の上の海軍病院に入院させられた。入院するほどの病気でもなかったが、こんなところへ流された嫌気も手伝っていたのだ。

ところが、早くもわれわれの進出に気づいた豪州を基地とする敵空軍が、早速ご挨拶に出向いてきた。入港した翌朝、B－26の編隊が来襲してきたのである。空襲警報におどろいて飛び起き、病院の窓からみると、十二機のB－26が港の上空を低く降下して、岸壁の小牧丸に爆弾を投下した。

小牧丸は炎々と燃えながら沈没した。さらに敵爆撃機は飛行場に襲いかかり、傍若無人《ぶじん》の乱舞である。

敵の空襲は三日にわたってつづけられた。坂井は心身が熱くなり生き返ってくる気がした。一日も早く、零戦の操縦桿がにぎりたかったのだ。

宿舎の準備もできたころ、坂井の病気も癒えた。そのころになってようやく、特設空母春日丸によって、新しい零戦がソロモン群島北部ブカの沖合に着いた。これを受け取りにいく二十人の搭乗員を乗せた旧式の四発飛行艇はラバウル湾を離水し、一時間後には春日丸のそばに着水した。

春日丸にて新品の零戦を受領したこの日から、わが台南空零戦隊の本格的な羽ばたきがはじまったのである。

坂井はバリ島出発のときの憂鬱な気分は、いっぺんにけしとんだ。勝手なもので、いまでは、あのとき内地へかえさずに残してくれた司令に対して感謝する気持さえ湧いてきた。

ラバウル港を上空より俯瞰。右の噴煙を上げているのが花吹山。その左手に東飛行場が位置する

ラバウル台南空の指揮所前に整列した搭乗員たちに訓示をあたえる小園安名副長

以上が『大空のサムライ』――「帰国の夢やぶれて～地獄のラバウルへ」の要約である。

内地帰還がかなわず、傷心の坂井たちは、貨物船小牧丸の船倉に詰め込まれ、地獄の一丁目のようなラバウルにやっとの思いで到着した。ここまでの記述もおもしろいのだが、例によってかなり坂井の記憶に誤りがある。

三月十日にはジャワ島の完全制圧がなった。その数日前にバリ島南部のデンパサル飛行場に台南空は進出した。今も昔もバリ島は温泉もある保養地だ。十分休養した台南空は、四月一日付けで改編され、搭乗員も半数が内地に帰還した。飛行隊長新郷《しんごう》英城大尉に代わり、あらたに中島正《ただし》少佐、分隊長山下政雄大尉が着任した。山下少佐とあるのは間違いで、彼は兵学校六十期、すなわち新郷大尉の一期後輩にあたる。

ゆっくり休養したといっても、三月五日から三月二十日までは、連日交代でスラバヤを中心に味方船団上空哨戒を実施している。

山下大尉がいつ着任したかはっきりしないが、二十二日には、比島クラーク基地からパラワン島方面偵察攻撃に、山下大尉が率いる零戦四機が出撃しており、坂井一飛曹も二小隊長として参加している。これが山下大尉の初仕事とすれば、三月中旬には着任していたと考えられる。(三月十二日到着)

台南空は二十四日から二十七日はコレヒドール島爆撃に向かう高雄空の陸攻隊掩護をおこない、三十一日はバターン半島マリベレス飛行場攻撃(坂井第二小隊長)、三月いっぱいはクラーク基地から作戦していた。

新郷大尉はその後、四月新編の六空飛行隊長、七月に空母「翔鶴」戦闘機隊飛行隊長に就任。八月、折からのガダルカナル島奪回作戦にブカ島基地に進出、三十日、「翔鶴」九機、「瑞鶴」九機、計零戦十八機を率いて初出撃した。

しかし、ガダル上空で待ちかまえていたジョン・L・スミス大尉(最終撃墜数十九機)率いる米海兵隊(カクタス)戦闘機隊(VMF－223)の熊ン蜂のようなF4F十五機(F4F十一機、P－400四機とも)の迎撃をうけ、苦杯をなめた。

零戦隊は酸素マスクがなく囮《おとり》のように低空飛行中の

敵機を迎撃すべく緊急発進した零戦がラバウル東飛行場へ帰投してきた――写真は５月22日の光景

Ｐ－400四機を攻撃し、全機撃墜したが、上空からカクタス隊にかぶられ、一航過で四機が撃墜され、苦戦した。

零戦隊はＦ４Ｆ八機撃墜と報告したが、カクタス側はスミス隊長の四機をはじめ十四機撃墜し、全機が無事帰還と報告している。事実、零戦隊は八機自爆未帰還、指揮官新郷大尉以下四機が不時着した。

新郷大尉はスミス大尉の正面攻撃で墜とされたが（ガダルに不時着後生還）、カクタス側の完勝は間違いなく、文字どおり〝零戦神話の崩れた日〟としてカクタス側は以後、零戦にたいし大いに自信をもった。

野性的なＦ４Ｆに対する華奢《きゃしゃ》な零戦二一型とのこの日の空戦に関して、アメリカの著名な航空史家バレット・テイルマンは「頑丈な斧と細身の剣の決闘である」と、いみじくもいっている。

内地帰還組は東京防衛の名目で、ほとんどはミッドウェー作戦に転用された。彼らは四月一日付けで新編の第六航空隊に編入された。基幹搭乗員は台南空、三空の内地帰還組だった。ミッドウェー島攻略後は同島に進駐する予定で、四隻の空母に分乗したが、六月五日のミッドウェー海戦で四空母が沈没、冷たい海水を飲まされただけだった。

六空は再編成され、八月末ラバウルへ進出。十一月一日の改編で二〇四空と改称され、ひきつづきソロモン航空戦の主役になり、文字どおり、刀折れ矢つきるまで戦いつづける。坂井は内地帰還組を大層うらやんだが、これはほんのいちじのことで、行くも地獄、残るも地獄というのが海軍戦闘機搭乗員の運命だった。

さて、台南空本隊は貨物船小牧丸（八五二四トン、昭和八年竣工、昭和十五年海軍徴用）に詰め込まれて、ラバウルへとむかった。斎藤司令以下、司令部、搭乗員、整備基地要員、計五百六十六名だったという。

狭い船室内は焦熱地獄のようで、湿度が高く、耐えがたい熱気が彼らを襲い、全員まるで半病人状態だった。

途中、チモール島クーパンへ入港し、坂井たちは上陸して飛行基地に一泊した。

三空の零戦隊が進出、豪州ポートダーウィンを陸攻隊とともに攻撃し、意気軒昂だったようだ。が、スピ

(1)帰国の夢やぶれて

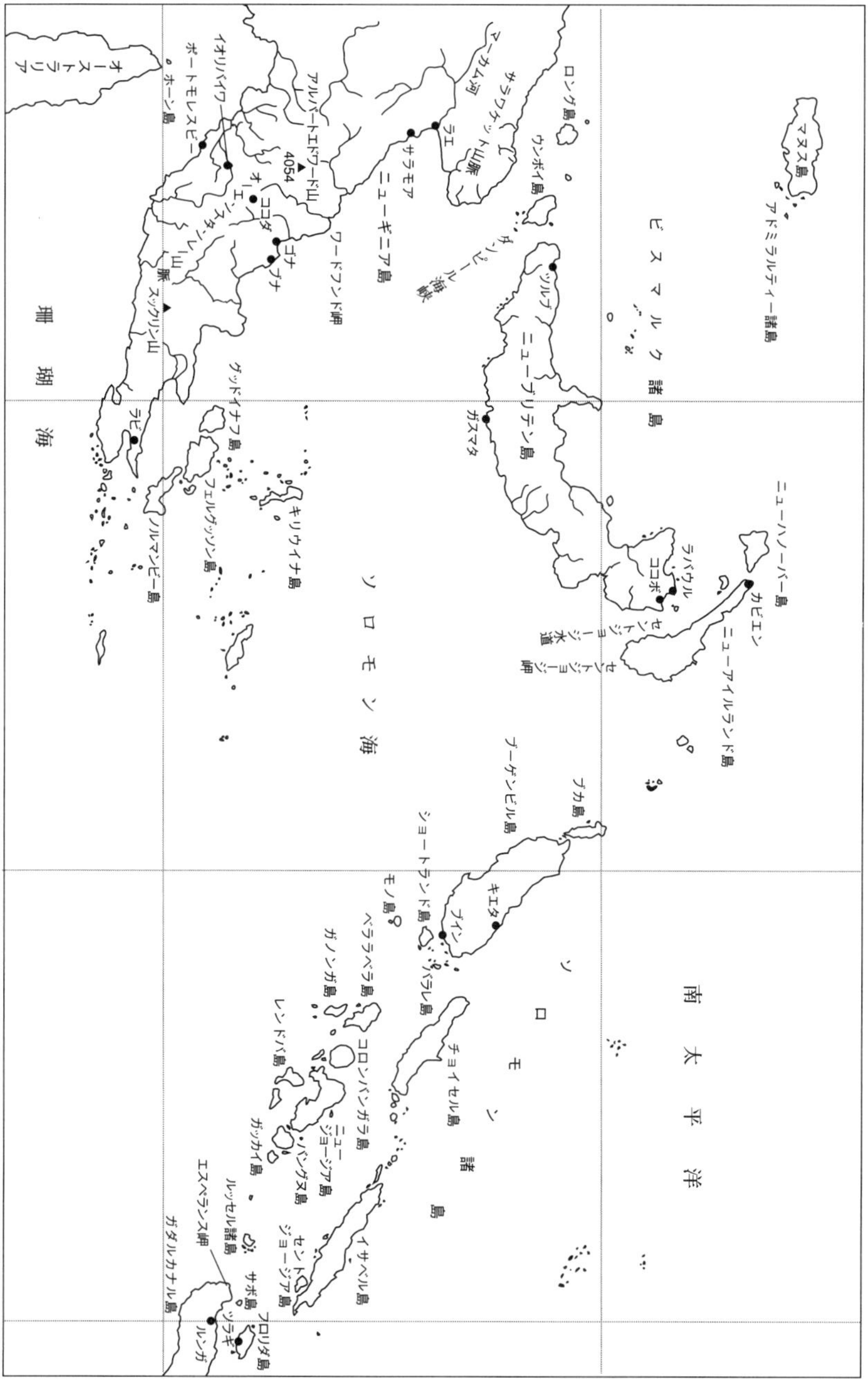

マヌス島
アドミラルティー諸島
ビスマルク諸島
ニューハノーバー島
カビエン
ニューアイルランド島
ラバウル
ココポ
セントジョージ水道
セントジョージ岬
ニューブリテン島
ツルブ
ガスマタ
ダンピール海峡
ウンボイ島
ロング島
サラワケット山脈
マーカム河
ラエ
サラモア
ニューギニア島
ワードフンド岬
アルバートエドワード山
4054
オーエンスタンレー山脈
ココダ
ゴナ
ブナ
イオリバイワ
ポートモレスビー
ホーン島
オーストラリア
珊瑚海
ラビ
グッドイナフ島
フェルグッソン島
キリウイナ島
ノルマンビー島
ソロモン海
ブーゲンビル島
ブカ島
ショートランド島
キエタ
ブイン
モノ島
バラレ島
ベララベラ島
ガノンガ島
チョイセル島
コロンバンガラ島
レンドバ島
ニュージョージア島
ガッカイ島
イサベル島
ルッセル諸島
エスペランス岬
ガダルカナル島
ルンガ
サボ島
ツラギ
フロリダ島
ソロモン諸島
南太平洋

花吹山を背景に鉄板をしきつめたラバウル東飛行場の滑走路

ットファイアをバタバタ墜としていたというのは勇み足。当時ダーウィンに展開していたのは、米空軍第四九追撃航空群のカーチスP－40だ。

日本軍は全般的に敵の航空機、艦船の識別能力が低かった。常日頃から識別教育をしていなかったからだが、たびたび戦況に重大な影響をおよぼした。

この状態はさらに酷くなって敗戦まで続く。戦争中の『航空朝日』など見ると、写真はもちろん、かなり正確な外国機の情報資料が載っているのだが、これさえも関係者は見なかったのだろうか。

ここクーパンで坂井はクラスの岡崎上飛曹と再会したという、が、これは三空の岡崎繁雄二飛曹のことだろうか。しかし、彼は乙飛八期出身である。それとも操練同期の岡部健二一飛曹が考えられるが、このころ彼は空母「翔鶴」戦闘機隊でインド洋作戦に参加中である。（『空戦記録』では岡崎一空曹となっている）

その後の調査で、これは岡崎正喜一飛曹（操38、生存）と判明。

この船旅で坂井は寝ついて起きられない身体になってしまった。病状は日ごとに悪化し、ときおりこのまま死ぬのではないかと思うほどだった。筆者ははじめ単なる船酔いかとも思ったが、坂井は水兵時代に戦艦『霧島』『榛名』に乗艦していた経験があり、それはないだろう。

待望の内地帰還の夢やぶれ精神的ショックからくる虚脱感、二年有余にわたる戦場生活からくる蓄積された肉体的疲労、新戦場ラバウルというどさ回りへの不満(じつは晴れ舞台になるのだが)などなどが、小牧丸の不衛生な船倉に閉じ込められて、一気にふきだしたものだろう。

その彼を、ひとりの若い中尉が献身的に介抱してくれた。それが新分隊士の笹井醇一中尉だった。心配そうに一心に介抱してくれる笹井中尉は坂井を元気づけ、しだいに快方に向かわせ、一週間後には甲板に出られるように回復した。

笹井中尉は大正七年、海軍造船大佐笹井《ささい》賢二の長男として、東京新宿に近い上落合に生まれた。府立一中(現日比谷高校)から、昭和十四年、海軍兵学校第六十七期を卒業した俊秀だが、幼少時には病弱で、長ずるにつれて身体強健、柔道二段になるまでに成長した。

台南空の若き分隊士・笹井醇一中尉

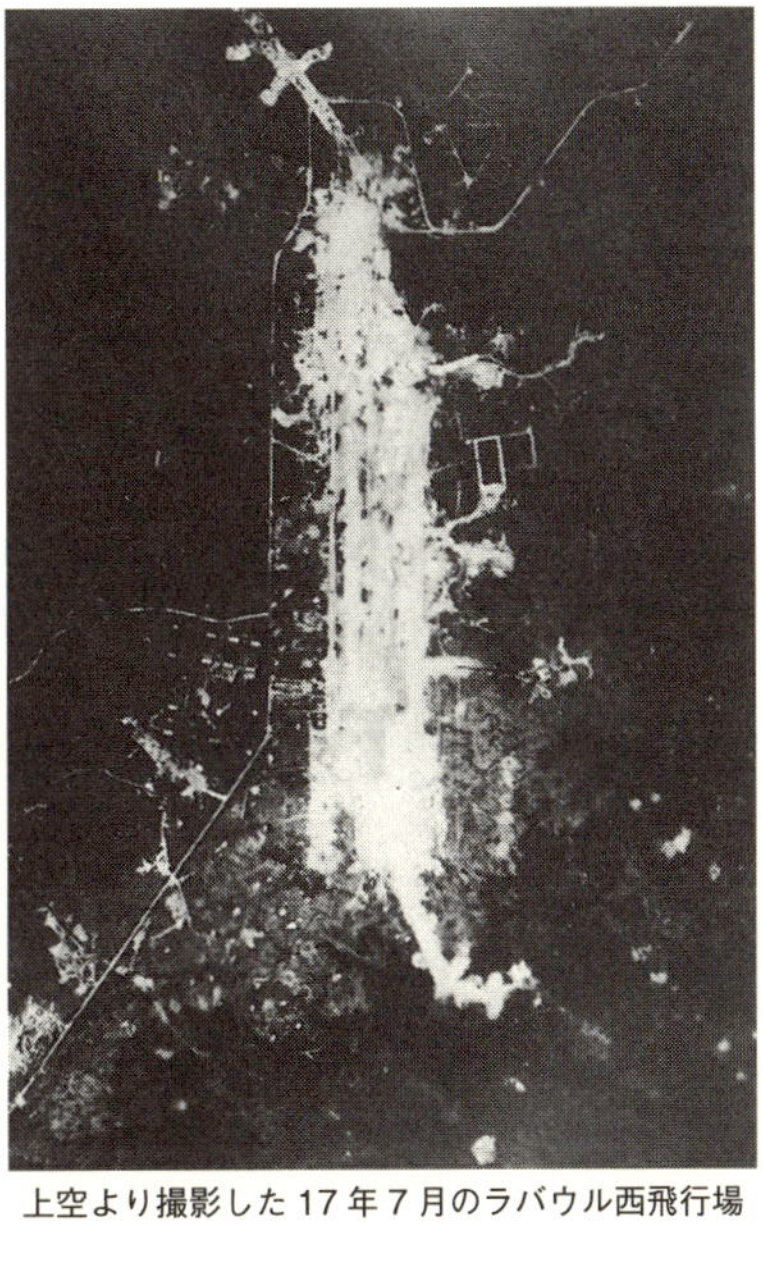

上空より撮影した17年7月のラバウル西飛行場

海兵同期生からは軍鶏・シャモと仇名されたように、負けず嫌いで闘志にあふれ、率先垂範、純情の理想的な戦闘機指揮官となった。大正五年生まれの坂井より二歳若く、この時、弱冠二十四歳だった。

開戦直前の昭和十六年十一月、台南空に配属され、十七年四月からは台南空分隊長となり、戦力の中核として活躍することになる。ラバウル到着後、笹井・坂井の名コンビが誕生。坂井の指導もあってめざましく空戦技量も向上、西沢一飛曹、太田一飛曹らと撃墜を競いあうようになり、名指揮官として名を残す。

残された写真をみると、色白細面の上品でハンサムな顔立ち、目元も涼やかでいかにも育ちの良さをかんじさせるが、引き締まった口元からは負けじ魂ものぞかせている。まさしく好漢である。彼については後にまた詳しくのべたいと思っている。

笹井中尉が小牧丸船内で父母宛に書いた手紙が残っている。

「四月一日の移動で、士官搭乗員、隊長（新郷大尉）、分隊長以下の全部が内地方面へ帰ってしまい開戦以来の居残りは　私一人になり　一番古手で大きな顔をしております　然し、始めから生死を倶にした隊長や或は自分の手足として居た列機が　全部居なくなり稍々淋しい気にならん事はないのですが……。今度は余り遠いので　今　船で新任地に向かって居るのです　どうか　潜水艦にやられない様にと　願っています　護りて（護衛駆逐艦）も何も居ず　少しく不安な気持に付きまとわれるのは　どうにもなりません（後略）」（『非情の空』原文片仮名）

笹井中尉でさえも「士官は一人になって、淋しい気になり、不安な気持につきまとわれる」とのべており、父母への手紙とはいえ、勇ましいハッタリや大言壮語がなく、正直に心情を吐露しているのは好感がもてる。

四月十六日、小牧丸はようやく無事にラバウルに入港した。しかし、なんという光景なのか、バリ島が楽園なら、ラバウルはまるで地獄。飛行場は狭く埃っぽい、今までで最悪の基地で、見るものすべてが幻滅だった。

一度はりつめた気持がゆるんだのか、坂井はまた寝込むような破目になり、山の上の海軍病院へ入院させられてしまった。翌々日、B－26の低空爆撃で、炎上擱座した小牧丸は、その上部を撤去し桟橋として利用され、現在もその姿をとどめている。

(2)『空の毒蛇』を血祭り
——東部ニューギニア/ラエ基地へ進出

『大空のサムライ』によれば、四月に入ってラバウル到着後、身体の不調をうったえ、山の上の海軍病院に入院していた坂井三郎は、恢復なった四月二十五日、零戦を駆ってニューギニアのラエ基地に飛んだ。

ここラエ基地は格納庫も整備室も指揮棟もない。あるのは海にむかって汚れた土の短い滑走路が一本あるだけの、文字どおり最前線の基地なのだ。

坂井は先着していた約二十名の搭乗員の歓迎をうける。早速、列機の本田二飛曹、米川三飛曹が真っ先にかけつけてきた。

「小隊長、ここは面白いところですよ。毎日、空戦ができます」と笑顔でいった。

五月二日、ラエに勢ぞろいなった第二中隊、中隊長笹井中尉以下九機の零戦は、ニューギニア南岸ポートモレスビーの敵空軍基地の強行偵察に出撃した。

ラエとモレスビーは直線距離三百二十キロ、零戦ならわずかにひとっ飛び五十分の距離である。しかし、その間には万年雪を身にまとった〝スタンレーの魔女〟、海抜五千メートルのオーエンスタンレー山脈がよこたわっている。

その後、傷ついた幾多の零戦や陸攻が、モレスビー攻撃の帰り道、この妖艶な魔女のとりこになってしまう。

この日、零戦隊は高度六千メートルでモレスビー上空を制圧したが敵影をみとめず、そのまま海上にでた。坂井は得意の視力二・五をいかして索敵する。が、敵機は現われない。海上で左旋回してもと来たコースをふたたび敵の飛行場上空にたっした。そのまま太陽を背にして真っ直ぐ飛行する。

来た、来た！　とうとうP-39四機が、左前方四十度、同高度反航で近づいてくる。距離五千メートル。はじめて見る『空の毒蛇』だ。

ラエ基地を出撃してポートモレスビー攻撃に向かう台南空の零戦

正式名称ベルＰ－39エアラコブラ（BELL P－39 AIRACOBRA）は、カーチスＰ－40ウオーホークとともに、この時期アメリカ陸軍航空隊の主力戦闘機である。時速六〇〇キロと高速だが運動性は鈍重そのもので、パイロットからも「鉄の犬」（IRON DOG）とよばれ嫌われた。

特徴は重武装で、特にプロペラ軸をとおして発射する大口径三十七ミリ機関砲×一、機首上面に十二・七ミリ機関銃×二、両翼に七・七ミリ機関銃×四というものものしさである。三十七ミリを二十ミリ機関砲にかえ、英国向け輸出用としたのがＰ－400。

大戦末期、日本陸軍の二式複座戦闘機『屠龍』が対戦車用の三十七ミリ砲を搭載し、超・空の要塞、ボーイングＢ－29を一撃で撃墜し大活躍した。

飛行第四戦隊の樫出勇大尉は、七機を撃墜しＢ－29撃墜王といわれている。Ｂ－29の乗員は三十七ミリ砲の凄い破壊力に、高射砲の直撃をうけたと報告している。

しかし、対戦闘機戦闘の大口径砲は、百害あって一利なし。零戦の二十ミリでも初速が遅く、Ｇ（重力加速度）がかかるので新米パイロットでは、なかなか命中させるのが難しいといわれている。

Ｐ－39は、イギリス空軍にはことわられたが、のちにソビエト空軍に大量に供与される。生産機数の約半分の四七七三機が渡され、独ソ戦のタンクキラーとして活躍、また多数のエースを生みだした。機体の鈍重さがロシア人パイロットには意外に合っていたのかもしれない。

日本軍からは〝カツオ節〟のニックネームを頂戴するが、台南空の搭乗員にとっても大好物（？）となって、多くのＰ－39が餌食となった。

――坂井の行動にもどる。

坂井はただちに指揮官笹井中尉に敵発見を知らせ、「行け」の合図で二番機本田敏秋二飛曹（操49）を右上方、三番機米川三飛曹（操56）を左後方にしたがえて増速、急速に敵機に接近した。

敵機は二機二機の緊密な四機編隊。ノンビリと基地上空をパトロール中なのだろう。

グングン敵機はせまる。横距離五百メートル、敵機はまだ気がついてない。ここで坂井は敵機の左後下方にもぐりこんだ。ここから敵の左脇腹へ長槍を突き刺すように撃ち上げる坂井得意の戦法だ。

ついに敵機との距離五十メートル。二機の敵機が重なって照準器の中に入った。この瞬間、坂井は反射的に二十ミリの発射把柄をにぎった。

両翼から撃ちだされた二十ミリの弾丸が、黄色い尾をひいて、敵二番機の濃緑色の胴体の真ん中に吸い込まれる。

ついでに狙った一番機にも同じ弾丸が命中、敵二機は仲良くもつれあって墜ちていった。見事な敵二機同時撃墜の瞬間だった。

これが坂井のラバウル到着後の初撃墜で、みごとに空の毒蛇を血祭りにあげた。残りの二機もまもなく炎につつまれる。これは、のちに台南空戦闘機隊三羽烏として、勇名を馳せる西沢一飛曹と太田二飛曹の手柄だった。（太田は五月一日付で一飛曹となる）

以上が世界空戦史にも珍しい、坂井の敵同時二機撃墜のようすである。

坂井がラバウル到着後発熱して、山の上の海軍病院に入院していたことはすでにのべた。いつ退院し、いつ最前線ラエ基地に復帰したのだろうか。

じつは、坂井や斎藤司令、中島隊長ら台南空の主力と機材を乗せた小牧丸が、ラバウルに入港したのは四月十六日のことだった。

二日後の十八日、はやくもこれをかぎつけた米陸軍第二二爆撃大隊の、新鋭高速爆撃機マーチンＢ－26マローダー四機の低空爆撃をうけた。

小牧丸は揚陸半ばだったが、炎上し沈没した。以後は上部を撤去し、港の桟橋がわりに使用されることになる。果敢に迎撃した笹井中尉が一機を撃墜し（対空砲火ともいわれる）、落下傘降下した乗員二名を捕虜とした。

訊問の結果、Ｂ－26が早朝タウンスビルを発し、ポートモレスビーで燃料補給後ラバウルに飛来したことなど、相当正確な情報が得られたが、その後の戦況にあまり生かされた形跡はない。

特設空母春日丸がラバウル東方二五〇キロのブカ島沖合に、新品の零戦二十四機を運んできたのは、二十

ラバウル湾内を荒らしまわり、日本艦船に攻撃をくわえるB－25爆撃機

花吹山を背景にラバウル東飛行場に勢ぞろいした台南空の零戦

三日である。この零戦受領には病の癒えた坂井も、もちろん元気に参加している。

整備がなって命をうけ、坂井、笹井中尉ら台南空の主力がラエに進出したのは、この二日後、二十五日のことであった。

事実、『行動調書』に四月中は坂井の名前はどこにも見当たらない。四月初めからラエでは連日、小競り合いがつづいていたが、この間は台南空に編入された西沢一飛曹など、元四空搭乗員と台南空の先発隊が中心で戦っていた。

笹井中尉以下の第二中隊の陣容がそろい、満を持しての初出撃は、五月二日のモレスビー攻撃で、戦闘機のみの敵基地への殴り込みだった。

この日の編成と行動経過は『行動調書』によれば、次のとおりである。

〈任務　ポートモレスビー攻撃〉

第一小隊　1笹井醇一中尉　100
　　　　　2西沢広義一飛曹　410　P40二機撃墜
　　　　　3河西春男一飛兵（自爆）
第二小隊　1半田亘理飛曹長　引返す
　　　　　2太田敏夫一飛曹　410　P40一機撃墜
　　　　　3米川正吉三飛曹　50
第三小隊　1坂井三郎一飛曹　610　P40二機撃墜
　　　　　2本田敏秋二飛曹　610　P40一機撃墜
　　　　　3日高武一郎一飛兵　610　P40一機撃墜
　　　　　協同一機撃墜

0535　ラエ基地発進、まもなく一機引返す
　　　（半田飛曹長機エンジン不調？）
0625　モレスビー上空突入
0630　敵機P－40十三機、B－17一機、B－25一機を空中に発見、これと空戦。尚、他の大型機多数が離陸中を視認す。敵八機を撃墜
0720　戦場離脱

0810　七機ラエ基地帰着、一機行方不明

総合評価　特

坂井の著書で有名となる第二中隊〝笹井一家〟の初出撃は、坂井、西沢、太田の三羽烏の揃い踏みで会心の空戦だった。

それぞれP－40を坂井二機、西沢二機、太田一機撃墜。さらに坂井の列機の本田が一機、日高が一機、小隊の共同撃墜一機のおまけがついて、計八機撃墜の大戦果。味方は河西一飛兵（操56）が自爆戦死した。

しかし、撃墜した敵機はすべてカーチスP－40ウオーホークで、機数も十三機とかなり多く、坂井の撃墜したP－39ではない。では『行動調書』が間違いなのか。

同じ液冷戦闘機とはいえ、アゴが大きくエラのはったP－40と、機首のとがったP－39を見間違うわけもなく、ましてや、坂井は五千メートル先からP－39と識別していたのだから……。

（とはいっても、これは坂井の読者サービス、いくら目のいい坂井でもこれは無理。この距離では米粒より小さな黒点で、機種まではとてもわからない）

さらにP－39装備の第八追撃航空群（8PG=Pursuit Group）のモレスビー展開は四月末であり、『行動調書』にP－40とあるのはどうしたことか。

この謎はすぐに解ける。

じつは、アメリカ側の資料によれば、この日、台南空の零戦隊を邀撃したのは、オーストラリア空軍の第七五飛行隊（75 Squadron）のP－40と、新着の第八追撃航空群の第三五、第三六戦闘飛行隊（Fighter Squadron）P－39との米豪混成部隊だった。

第八追撃航空群は、この年の三月二日、急ぎブリスベンで司令部を編成、アメリカ本国からの機材の到着をまって最初に実戦に登場したP－39の部隊。四月末にポートモレスビーに進出し、P－40装備の第七五飛行隊と交代し、来襲する台南空の零戦隊と死闘を演じつつモレスビーを防衛する。

日本軍以上に物不足、困難な状況下で戦いつづけた彼らの〝ヤンキー魂〟は、のちにガダルカナルを死守した米海兵戦闘機隊の、F４Fワイルドキャットとと

米陸軍戦闘機ベルP－39エアラコブラ。高速だが運動性は鈍重そのものだった

もに高く評価していい。

この日、まず零戦に立ち向かった第七五飛行隊のP－40編隊は、たちまち零戦に蹴散らされ、数機が被弾し、マンロー軍曹機が炎上しつつモレスビー港付近に撃墜された。

その直後、第三五、三六戦闘飛行隊十一機のP－39は、上空から五機の零戦に戦いを挑んだ。その後の戦況から、笹井中尉率いる第一小隊三機、第二小隊二機（半田飛曹長が引き返したので）の五機の零戦のようだ。

先頭の第三六戦闘飛行隊隊長のルイス・メング大尉はヘッドオン（正面）攻撃で、一機の零戦と撃ちあった。メング大尉の狙った零戦はたちまち発火、右翼すれすれにかわしたが燃えながら墜ちていった。

その後は零戦の反撃をうけて激しい戦闘になり、メング大尉は零戦においまくられて、右翼に二十ミリ弾による hamilliating（不面目）な大穴をあけられたが、からくも脱出した。その間、メング大尉は燃えながら地上に激突した零戦を目撃した。これが台南空で唯一失われた河西春男一飛兵の最後だった。

列機のラベット中尉、メインワーニング中尉、第三

きょうも雲上を敵基地の攻撃に向かう台南空の零戦二二型

五戦闘飛行隊のマクギャバン中尉も、それぞれ零戦一機を炎上または破壊し、撃墜したと主張している。

さらにドン・マクギー中尉、シュワイマー中尉も各一機を不確実撃墜し、計六機（うち不確実二機）の零戦撃墜を主張しているが、全部水増しだ。

P－39は三機が被害をうけたが、全員無事に帰還したという。

台南空側も八機撃墜と報告し、司令部の綜合評価「特」となっているが、事実は、確実一機、数機不確実撃墜だった。これほど撃墜確認（とくに敵地での）はむつかしいのだが、味方の二倍以上の敵機を、始終圧倒した空戦には間違いない。

第八追撃航空群を指揮して戦ったボイド・D・ワグナー中佐は映画『哀愁』（一九四〇年）の二枚目スター、ロバート・テーラー似の美男子だが（開戦時ルソン島上空で一度手合わせした、あのワグナー中尉）、五月末、この頃の戦闘を次のように報告している。

「零戦とわが航空機のあいだに五分五分の戦いが行なわれたことは、ほとんどなかった。わが方のパイロットの戦死と飛行機の損害があまり多くなかったのは、わが方の飛行機の装甲板の保護、もれない燃料タンク、(機体の)頑丈な構造によるものであった。

わが戦闘機パイロットは優勢な敵にたいし、たえず戦う勇気と能力を証明したし、なお高い志気を保っている。しかし、この高い志気もパイロットにとっては無理じいの志気である。

というのも、日本戦闘機が、今日と同じように、明日も自分たちより高いところにいること、最初の敵からの戦闘は太陽の方向からの高度攻撃であろうことを知っているからである」(『日米航空戦史』、傍線は筆者)

もうひとつ付け加えるなら、ホームグラウンドの有利さだろう。

のちにワグナー中佐は八機撃墜のエースになる。この三日前の四月三十日の第八追撃航空群の初出撃だったサラモア上空の戦闘では、なんと零戦三機撃墜を主張している。しかし、この日、自爆戦死したのは和泉秀雄二飛曹(甲3)一機のみだった。

もう一度まとめると、坂井の「空の毒蛇・同時二機撃墜」は五月二日、モレスビー上空、米第八追撃航空群のP－39との出来事だったと考えられる。


二機はもつれあうように墜ちていったというが、実は、なんとか生還し撃墜にはいたらなかったようだ。

なお、この日、坂井の二番機は本田二飛曹だが、三番機はいつもの米川三飛曹ではなく日高一飛兵だった。

なお、ボイド・D(バズ)・ワグナー中佐はその後、本国へ帰還したが、この年の十一月二十九日、フロリダ州、エグリン基地でP－40の事故により死亡した。享年二十七歳。


ここだけの話だが、筆者も二、三度、同時二機撃墜をしたことがある。ただし、パソコンゲームの話です。マイクロソフト社の『コンバット・フライト・シミュレーター2』パイロットマニュアル(『Combat Flight Simulator 2』WWⅡ Pacific Theater)というゲームソフトをご存じですか。

なんだ、大の大人がパソコンゲームかよ、というなかれ。これがなかなか良くできており、かなりマニアックで面白い。マイクロソフト社からなにももらってないが、ご存じない方のために簡単に説明します。

プレイヤーが操縦できる日本海軍戦闘機は、零戦二一型、零戦五二型、紫電改で、対戦するアメリカ戦闘機は、グラマンF4F、F6F、F4Uコルセア、P－38など七機種。さらにコンピュータ制御により、日本側は隼、九七艦攻、九九艦爆、一式陸攻など、アメリカ側はP－39、TBF、SBD、B－25、B－24ら十三機種が加わり、プレイヤーは好きな機種を選定できる。

別売のコントローラー（操縦桿）を接続すれば、微妙な操縦感覚やエンジンの振動、機銃の反動、被弾のショックまで体感でき、かなりの臨場感を味わうことができる。もちろん、機銃のトリガーやスロットルレバーもついている。

筆者がこのゲームで一番のお気に入りは、エンドレスで空戦ができる「クイック・コンバット」だが、その理由は、

①お好みの機種が自由に選べること：零戦だけでなく、敵側のグラマンにも搭乗し、互いに相手の特徴や弱点を把握できる。

②空中戦の相手のレベルを選べること：パイロットの技量は、ルーキー、ベテラン、エースなどがあり、お望みならば強敵とも戦える。

③場所や条件を自由に選べる：空戦場所もラバウル、ラエなど味方基地上空から、ガダルカナル、ポートモレスビーなど敵基地上空までいろいろある。その他、気象、時間、高度、機数などの各種条件も選ぶことができる。

はじめのころは、敵ルーキーの搭乗するF4Fをなかなか捕捉できず、モタモタしてる間に愛機零戦がボコボコにされて、ひどく落ち込んだ。

三日後に命中を確認、一週間後ようやく初撃墜を記録した。その後も日夜寝食を忘れて（？）精進をつづけたかいがあって、めきめき腕をあげた。

ヘッドオン（正面）攻撃はさける、零戦得意の左旋回戦闘に巻き込む、見込み射撃のコツの会得、速度の保持、などなど『大空のサムライ』も参考にして、空戦技術をみがいた。

それから幾星霜、いまではラバウルの迎撃戦も鼻歌まじりだ。愛機は零戦、自身は墜とされることはなく、敵エースのグラマンF6F八機編隊を数分で撃墜するまでになった。

その間、まったくの偶然だが、グラマンを同時二機撃墜することができた。狙ってできるものでもなく、ゴルフのホール・イン・ワンのようなものだろう。

　それでも、たかがゲームだろうという人のために付け加えると、このソフト史実考証アドバイザーには日本側からは、われらが坂井三郎が加わっている。アメリカ側からは、グラマンF4Fのエース、VMF－121の隊長だった、ジョー・フォス（二十六機撃墜）が加わっている。

　二人は戦後、親友となり、その交際は坂井が死亡するまで続いた。が、二人がこのゲームの愛好者だったかどうかはさだかではない。フォスは空戦の極意を自伝のなかで、つぎのようにいっている。

「戦闘中に起きたことに対して、即座に反応できなければならない。（中略）空中では、最も機敏な者が生き残る。レッドバロン（マンフリート・フォン・リヒトホーフェン大尉。第一次大戦ドイツの撃墜王、八十機撃墜後戦死）が言っているように、操縦するのは航空機ではなく人間なのだ。もしそうでなければ、グラマン・ワイルドキャットは空飛ぶ棺桶だっただろう」

(3)坂井の落穂拾い戦法

——敵基地ポートモレスビー攻撃

つぎは坂井得意の落穂拾い戦法にうつる。『大空のサムライ』によれば——

　五月十二日、河合大尉の指揮する零戦十二機は午前五時十五分に（ラエ基地を）出発し、高度五千メートルでモレスビー上空に突っ込んだ。しかし、この日はいつもと状況がちがっていた。モレスビー上空に進入すると同時に、われわれは、上空に浮かぶ敵機を発見したのである。

　敵機の機数は味方と同数、高度もこちらと同高度六千メートル。敵はすでにわが攻撃を予知して、邀撃のためにあがっていたのだ。

　最初から、敵味方双方に殺気がながれていた。

　敵は十二機のP－39『空の毒蛇』——彼我の距離は八千メートルだが、発見は例によってこちらのほうが早かった。

台南空の零戦二二型。四空から台南空に編入されたあと、いまだ機番号が書き変えられていない

台南空の分隊長・河合四郎大尉

この日も戦闘機だけの殴り込み、ファイター・スイープだった。指揮官河合《かわい》四郎大尉（兵64）率いる零戦十二機だ。河合大尉は四空の分隊長で二月からラバウル地区で戦ってきたが、四月一日の移動で台南空の分隊長になったベテランだ。（昭和十九年十二月二十四日、比島で戦死）

例のごとく、真っ先に敵を発見した坂井は機銃を発射し、バンクして味方に知らせた。距離六、七千メートル、敵を横にかわして左に旋回し、敵の後方に回り込み、やがて絶好の位置になる。

その時、敵一機が気がついた。ひらりとダイブにうつる。それにつられて敵編隊はばらばらになって急降下逃走した。突っ込み速度はP－39がはるかに速く、残念ながら取り逃がした。双方に殺気がながれていたわりには、あっけない結末だった。

指揮官機が集合の合図をしたが、残念で仕方がない坂井は第六感がひらめいた。必ずどこかの空戦圏外で空戦を観察、あるいは全軍を指揮している謎の一機がいるはずだ。坂井は二、三番機をつれて、もう一度モレスビーの海上に出て、八方に見張りの目を配りながら飛んだ。

——すると、ついに発見した！

はるか左前方、千メートル上空に単機のP－39がゆうゆうと飛んでいた。全速で敵の背後に回りこみ、敵の死角（胴体の真下）にかくれながら急速に接近した。一分もたたないうちに、敵機の真下二百メートル、敵の下腹にくっついてしまった。

これでも気がつかないのでさらに真下二十メートルまで接近、セルロイド板に写生した。敵機の真うしろ二十メートルの距離でくっつき、さらに敵の操縦席をのぞき込んだ。白い飛行帽をかぶった大きな図体の男が乗っている。

頭を動かさないから見張りをしているようすもない。（『坂井三郎空戦記録』『大空の決戦』には、「バックミラーもない」とある）なんの目的で飛んでいるのだろう。

坂井は突然、〝敵機〟ではなく〝人間〟を意識して、しばし葛藤するが、撃墜を決意する。

ぐっと発射把柄をにぎった。強い反動——左右の二十ミリ一発ずつで仕止めようと思ったのに、惰力で、ダンダンと二発ずつ弾丸が出てしまった。（中略）次の瞬間、敵機が大きく揺れたと思うと、胴体の真ん中から〝く〟の字形に折れてしまった。

（二十ミリの威力、凄まじい撃墜のシーンである）

本隊から離れた坂井小隊だけが遅れてラエ基地に帰投した。坂井の報告を聞いていた中島正飛行隊長（兵58）は、「また貴様やったか。貴様はよくそういう敵をみつけるな」と笑った。

やがてその話は、『坂井の落穂拾い戦法』と名づけられて、ラバウルでもラエでも搭乗員の笑い話のタネにされてしまった。

いかにも坂井らしい痛快なエピソードだが、これは一体いつの出来事なのだろうか。さっそく検証してみよう。

もっとも信頼できる『行動調書』によれば、五月十二日のモレスビー攻撃の編成・行動は次のようになっている。

〈第一中隊〉

第一小隊	1山下政雄大尉	偵察
	2大島　徹一飛曹	
	3本吉義雄一飛兵	
第二小隊	1山口　馨中尉	
	2太田敏夫一飛曹	
	3新井正美三飛曹	
第三小隊	1半田亘理飛曹長	
	2宮　運一二飛曹	

〈第二中隊〉

		機銃弾	
第一小隊	1笹井醇一中尉	610	被弾一
	2西沢広義一飛曹	610	P 39二機撃墜（一機不）
	3日高武一郎一飛兵	360	
第二小隊	1坂井三郎一飛曹		発動機不調単独帰還
	2本田敏秋二飛曹	200	
	3小林民夫一飛兵（不時着）		

０５３０　ラエ基地発進

０６５０　モレスビー突入。モレスビー、キラキラ飛行場低空偵察

０７２０　二中隊、敵戦闘機（P－39）約十機を空中に認め空戦開始

０７３０　モレスビー　北方新飛行場銃撃

０７４５　キドに集合、帰途に就く

０８３０　ラエ基地帰着。一機被弾のため、０９

互いに階級をこえた熱い友情と信頼の絆で結ばれていたという笹井醇一中尉(左)と坂井三郎一飛曹

10サラモア南方海上に不時着
搭乗員軽傷

この日も坂井の記憶した記述とかなり違うようだ。まず、この日の指揮官は河合大尉ではなく山下大尉(兵60)で第一中隊八機を指揮、第二中隊は笹井中尉の指揮だが一、二小隊のみ六機。計十四機の変則チームである。

坂井は笹井中隊の二小隊長で参加している。が、調書によれば「空戦開始後、発動機不調、単独帰還に就く」とあり、まったくついてない一日だったようだ。これではとても得意の〝落穂拾い〟などできなかったと思われる。スタンレーの魔女に魅入られなかっただけでも幸運だったのかもしれない。

おまけに小隊長がいなくなったためか、三番機の小林民夫一飛兵(丙2)は「P－39の奇襲を受け被弾、直ちに帰還中不時着」と調書にある。

小林機は傷ついた機体をなんとか操り、ようやくスタンレー山脈をこえて、本隊がラエ帰着後四十分すぎ

超低空、フルスピードで敵地上空に進入して航過する零戦

た九時十分にサラモア南方海上に不時着した。

調書には搭乗員軽傷とあるが、その後、本国に送還されたので、かなり重傷だったのではないか。

当時、すでにモレスビー飛行場（米側呼称、セブンマイルズ飛行場）の南方数キロ、海岸寄りにキラキラ飛行場があり、モレスビーの西隣りにキド飛行場と三ヵ所に飛行場が確認されていた。

その後、さらに三つの新飛行場が北方の山側に沿って増設され、モレスビーは一大航空要塞に成長していく。はじめは敵影がなく、零戦隊は約三十分ゆうゆうと上空制圧した。が、突然、笹井中隊が敵P－39約十機を発見、直ちに空戦開始、第一中隊は上空援護にあたる。

敵はあまり戦意がなく、早くも逃げ腰だったが、約十分間の空戦で笹井中隊はP－39撃墜三機（うち一機不確実）を挙げた。個人記録の記入はないが、ほとんどは西沢一飛曹の戦果だと思われる。

敵機が逃げ去った後、物足りなかったのか、笹井、西沢、日高の三機は禁じられていたはずの敵新飛行場を銃撃、P－39二機を血祭りにして引き上げた。笹井、西沢両機の弾薬消費量はそれぞれ六一〇発、日高機は三六〇発と記録されている。

アメリカ側の資料によれば、この日、第八追撃航空群、第三五・三六戦闘飛行隊のP－39十数機はスクランブルし、午前七時五十分、三機の零戦をモレスビー上空で撃墜したという。（『AIR WAR PACIFIC』）

自軍の損害はP－39二機が撃墜され、ロバート・M・ワイド中尉は戦死した。調書の記録と珍しく一致する。彼の機体は二ヵ月後、十二マイル飛行場の近くで遺体とともに発見された。

台南空は小林民夫一飛兵機が被弾し、単機、帰途についたがサラモア海上に不時着し、無事に救助された。しかし、これはモレスビー上空の撃墜とはいえないから、例によっての水増し戦果である。

またこの日は二段作戦で、山下大尉が指揮する零戦隊が引き上げた一時間半後、四空の陸攻隊と吉野俐飛曹長以下四機の零戦がモレスビーを攻撃、全機無事に帰還した。

当時、破竹の勢いの日本軍はMO作戦（ポートモレスビー攻略）を発令したが、五月七日、八日に日米機動部隊の初対決、珊瑚海海戦が生起し海上からの攻略は阻止された。

米正規空母『レキシントン』を撃沈したが、日本側も軽空母『祥鳳』沈没、空母『翔鶴』中破で五分五分の引き分け。いや、モレスビー攻略ができなかったから、戦術的勝利かもしれないが、戦略的には負けだろう。

作戦命令はポートモレスビー攻略が成功したら、モレスビー飛行場には四空の陸攻隊、海岸寄りのキラキラ飛行場には台南空戦闘機隊が進出、ただちに豪州作戦にとりかかる予定という、まったく調子のいいものだった。

それでは、坂井はいつの日の出来事と記憶ちがいをしたのだろうか。

『行動調書』を詳細に調べたが、坂井、太田、遠藤、本吉、日高ら第二中隊のメンバーは五月五日から十日までの間、最前線ラエから後方のラバウルに戻り、他の中隊と交代し休養していた。

休養といっても五日、六日、十日とラバウル基地上空の哨戒任務にはついている。ときどき第二二爆撃大隊のB－26マローダー、第三軽爆撃大隊のB－25ミッチェルが低空から、第一九爆撃大隊のB－17空の要塞が高空から爆撃にやってくる。

坂井ら第二中隊がふたたびラエに戻り、モレスビー攻撃に参加したのは五月十一日からだ。この日、山下大尉の率いる零戦八機はラエを発進、途中ラバウルからの四空陸攻隊と合同し、モレスビー爆撃行を護衛した。

この日は敵影を見ず、戦爆ともに全機が無事に帰還した。坂井も列機本田二飛曹とともに参加している。

翌十二日は前述したとおり、坂井はエンジン不調で引き返した日だ。『行動調書』によれば坂井は五月中に、十四日、十七日、二十日、二十六日、二十七日、二十九日とモレスビー攻撃に参加しているのだが、どうも「落穂拾い」に該当する空戦が見当たらない。

たとえば十四日は戦果ナシ、十七日は後述する山口中尉の最期の日で、二十日、二十六日はＰ－39各一機撃墜だが共同撃墜、二十七日のＰ－39一機撃墜は不確実と記録されている。

落穂拾いは数回あったといっているので、五月ではなく六月以降の何度かの空戦と記憶が前後しているのかもしれない。

しかし、こんなトンマな敵パイロットが本当にいるのか。と、『空戦記録』をはじめて読んだときは思ったのも事実だ。

その後、いろいろな日米英独のエースの空戦記を読んだが、そのほとんどは敵が気づかないうちに、背後から忍び寄り一撃で撃ちおとしている。なにか卑怯のような気がしないこともないが、戦国武者の一騎討ちや西部劇の決闘とは違うのだ。

西沢と並ぶ超エースの岩本徹三中尉（約八十機撃墜）も、得意は高空よりのズーミング攻撃＝垂直一撃降下戦法だといっている。

坂井自身も「ドッグ・ファイト（格闘戦）というと格好いいようだが、それは最初の一撃に失敗し、やむなく巻き込まれることが多い。できれば一撃で撃墜するのが最良である」といっている。

だからこそ、新米パイロットは「前方三分、後方七分の見張り」を第一にたたき込まれる。後にラバウルから長駆ガダルカナル空戦に参加した零戦搭乗員の襟首は、やすむ間もない見張りのために、擦れて赤くなっていた、という話もある。

のちに沖縄、本土防空に活躍した戦闘三〇三分隊長、土方敏夫中尉（予備学生13期）にうかがったところでは、「後方索敵を容易にするために、落下傘ベルトをはずして、ほとんど右半身になって操縦していた」とのことだった。

これは同隊の歴戦のエース、岩本徹三、谷水竹雄上飛曹などから教えられた空戦極意のノウハウで、かれらベテランたちもそのようにしていたのだろう。

そこで気がつく便利なアイデアとして、バックミラーがある。

坂井はＰ－39エアラコブラにはバックミラーもない、といっているが、実はある。外見からはわかりにくいが、操縦席の前面上部の風防枠に横長型のバックミラーがあり、その前に照準器があるので、射撃の前にチラと後方確認するのに便利だろう。

Ｐ－39だけでなく、Ｐ－40、Ｐ－38、Ｐ－47、Ｐ－51や、海軍機のＦ４Ｆ、Ｆ４Ｕ、Ｆ６Ｆも後方視界の悪い米軍機はほとんどの機種にバックミラーはついている。

ケッサクなのは英空軍機、スピットファイア、ハリケーンなどは前面風防の外枠に、これ見よがしに、でかい砲弾型のバックミラーを取り付けている。これなどは明らかに空気抵抗が増え、スピードが数キロ落ちるだろうと心配になる。

バックミラー好きなイギリスは、第一次大戦時から着用していた。

映画『マルタ島攻防戦』（一九五三年）では、スピットファイアのミラーにＭｅ－109の姿が大写しになった

岩本徹三中尉

谷水竹雄上飛曹

瞬間、ミラーは粉々に砕け主人公アレック・ギネスは戦死する。『ダーク・ブルー』（二〇〇一年）にも同様のシーンがある。

車先進国の影響か、英米機はバックミラーが大好きなようだ。戦後のジェット機時代になってもミラーはあった。Ｆ－86セイバー、Ｆ－101ヴードゥー（二個もついている）、Ｆ４ファントム、ＭＩＧ－21など昔のジェット機には必ずついていた。Ｆ15、Ｆ16など現用機にもついている。

日本の戦闘機はどうかというと、陸海軍ともに全然ついていない。これは操縦席の後方視界がよかったのと、車先進国でない悲しさか？　あるいはミラーなんかに頼らず、索敵をしっかりやれ、という精神論が強かったからだろうか。

しかし、ミラーがあれば、かなりの搭乗員の戦死が防げたのではないか。その点についてしつこく前述の土方敏夫中尉にも意見を求めた。土方氏の答えは簡単だった。

「私は高速道路の車線変更も、必ず、自分の目で後方を確認します。ミラーは見ません」

(4)半田飛曹長のなみだ
――本田敏秋二飛曹を失う

五月一日のことだった。内地からの輸送機が一機、ラバウルの飛行場に着いた。ひょっこり降りたった長身の大男が半田亘理飛曹長である。この人は日本海軍戦闘機乗りの大先輩で、単機格闘戦の名人とうたわれた人である。

半田飛曹長は走りよって迎えた坂井を見て、懐かしそうに、「よう、坂井、頑張っているそうだな。内地で話を聞いたぞ」と、坂井の肩をたたいた。

半田飛曹長は、支那事変いらいの空戦の達人であり、戦闘機乗りの英雄として仰がれていたが、相当長い期間にわたって内地の訓練部隊ばかりに勤務していたので、太平洋戦争にはいってから展開しつつある激しい実戦の場には、はじめて顔をだしたわけである。

支那事変とはくらべものにならない戦場の様相に、度肝をぬかれたふうであったが、さすがは練達の士、落ち着きはらって日々の空戦の実績をよく観察し、持ち前の熱心な研究心から、その対策などに種々の工夫をこらしていた。

半田飛曹長は、一週間もたたないうちに、新戦場の空気をのみこみ、さすがはベテラン、さっそく大活躍をはじめた。その働きぶりに、坂井は、西沢、太田らとちがった風格をかんじていた。

というのが、この項の前半部分の坂井の話である。が、ここでも坂井の大きな記憶違いが二、三ある。

半田亘理飛曹長（最終階級は中尉）は、なんと明治四十四年生まれ、福岡県の出身である。昭和八年三月、第十九期操練出身、初撃墜が昭和十二年八月のカーチス・ホーク、支那事変では六機を撃墜している超ベテランである。

昭和十五年、一度除隊したのだが、太平洋戦争の勃発で再度入隊し、台南空に配属されたときは、すでに三十三歳だった。明治生まれの零戦搭乗員はさすがに数少ないが、自称、日本一の撃墜王、豪傑といわれた赤松貞明中尉は明治四十三年生まれ、操練十七期出身である。

坂井は半田飛曹長を源田サーカスの一員だったといっているが、当時は源田実大尉、青木与一空曹、間瀬平一郎一空曹の三人がチームで、半田は入っていなかったようだ。

源田実（兵52）は大戦末期に四国松山で編成され、日本海軍最後の切り札ともいうべき、『紫電改』戦闘機を擁した三四三航空隊、通称『剣』部隊の司令となった。

戦後は航空自衛隊の発足に尽力、ジェット戦闘機F－86、F－104らを自ら操縦し、航空団司令、空将となり引退した。

源田サーカスというのは、

「間瀬、青木の二人が列機として三機編隊の巴宙返り、編隊宙返り、艦橋掃射等のアクロバットを完成し、当時の新聞で、三羽烏、空中サーカス等の名で呼ばれた。岡村（基春）大尉と私は、小林（淑人）大尉の後を継いで、昭和八年横空に入ったので、この編隊特殊飛行を受け継いで、主として九〇式戦闘機を使用してやった。

当時は、満州事変の直後でもあり、愛国運動が旺盛で、報国号と呼ばれた献納機が多かった。これらの飛行機の献納式は、各地で盛大に行なわれたが、その度毎に、私たちは三機編隊のアクロバットをやったものである」（源田実『海軍航空隊始末記』）

『源田サーカス』から始まったアクロバット飛行チームの、戦技の研鑽と志気高揚の伝統精神は、現在も航空自衛隊の〝ブルーインパルス〟に引きつがれ、絶大な人気を博している。

半田亘理飛曹長

半田飛曹長が台南空に着任した日を、坂井は昭和十七年五月一日（『坂井三郎空戦記録』では六月）、しかもラバウルだといっているが、これは大きな間違いで、実はもっと早い時期だった。

『行動調書』によれば、半田飛曹長がはじめて作戦に参加するのは、去る二月二十五日の蘭印作戦における「スラバヤ攻撃中攻隊援護」である。

この日、牧幸男大尉（兵65）率いる零戦九機が、パンジェルマシンを飛び立ってスラバヤ攻撃に向かう陸攻を援護した。

編制は次のようになっている。

第一小隊　牧　幸男大尉
　　　　　酒井東洋夫一飛曹
　　　　　福山清武三飛曹
第二小隊　笹井醇一中尉
　　　　　石原　進二飛曹
　　　　　西山静喜一飛兵
第三小隊　半田亘理飛曹長
　　　　　大正谷宗市三飛曹
　　　　　河西春男一飛兵

P－40八機撃墜（内四機不確実）

1100　基地発進
1210　スラバヤ上空進入
1215　P－40約十三機発見、二、三小隊と
　　　空戦に入り、八機撃墜（内不四）
1245　戦場離脱
1400　基地帰着

スラバヤ上空にP－40発見、牧小隊は陸攻援護につき、笹井小隊、半田小隊の六機は倍以上の敵機と激しい空戦に入り、八機撃墜（不確実四機）をあげる。個人撃墜が記入されていないが、消費した機銃弾の多い順に、笹井、石原、大正谷機はそれぞれ撃墜を記録したと推測される。

初出撃ながら半田も撃墜を記録した可能性はある。が、彼だけが敵弾四発くらっているのは気にかかる。やはり、坂井のいうように実戦から遠ざかって、勘がにぶっていたのかもしれない。

いくら戦闘機の神様でも、着任早々すぐに出撃することは考えられないから、半田飛曹長が着任したのは、二月の初旬から中旬の間だろう。

その後、三月は蘭印作戦も一段落し、半田の出撃の機会はなかった。が、四月、ラバウルに先着し、最前線ラエに移動後の活躍は目を見張るものがあった。

モレスビー攻撃だけでも、四月二十一日、二十三日、二十四日、二十五日、二十八日、二十九日とつづき、五月に入っても二日、四日、七日、十三日と計十回、いずれも小隊長として参加している。

モレスビー攻撃のない日には、ラエ上空の哨戒にも飛んでいる。

その間、特筆すべきは五月四日の空戦だろう。早朝六時、敵P－39（豪第七五スコードロンP－40の間違い）四機がラエ基地に来襲した。半田はおっとり刀で迎撃に舞い上がり、そのうちの一機を捕捉撃墜した。

その一時間後には、何事もなかったように、山口馨中尉率いる零戦九機の第二小隊長としてモレスビー攻撃に参加し、さらに、P－40を一機撃墜している。

（半田はラバウルで七機撃墜、支那事変の六機と合わせて、計十三機が公認されている）

と、いうわけで、五月一日、ひょっこりラバウルにやってきたわけではないのだ。二月に台南空に配属され、すでに三ヵ月も戦ってきたのに、なぜ、坂井は記憶間違い、ではなく、故意にこのように書いたのだろうか。

しかし、この間違いはひどすぎるし、大先輩の半田飛曹長の名誉のためにも、明確な検証が必要である。

実は、この話は坂井最愛の列機、本田敏秋二飛曹を失うつぎの出来事につながってくるのだ。……

本田二飛曹を失う

『大空のサムライ』によれば、半田飛曹長の二番機として出撃した本田二飛曹が、モレスビー上空に散華した状況はつぎのようになっている。

「この出撃には、半田飛曹長を小隊長として、二番機には、モレスビーの状況に非常にくわしい、私の最も愛する本田二飛曹（操49）が所望され、新井（正美）三飛曹が三番機について、第二小隊長にベテランの西沢がついた。

本田は、開戦いらい私の片腕として、常に私の二番機をつとめ、終始生死をともにしてきた間柄なので、私にとっては戦友愛以上——いや、骨肉以上のものを彼には感じていた。

彼もまた私に対して同様であったと思う。だから、たとえ一時とはいえ、私から離れて他の上官の列機として出撃するということには、気のすすまないものがあったのも無理はない。

ましてや飛行機乗りの出撃は、いつも『死』との取り引きだ。死なばもろとも——というよりは、私と共に死ぬのが運命であるかのごとく信じ込んでいる彼にとっては、空の英雄とともに出撃する光栄もさりながら、やはり何か心にわだかまりがあったらしい。

だが、いよいよ英雄半田の出撃の日がきた。五月十三日の朝十時十五分——それが出撃の時刻だった。

（中略）

空戦の神様といわれた半田飛曹長の列機として、本田機が飛びたってから、基地には二時間の時間がながれた。そろそろ帰還の予定時刻なので、基地の人々が飛行場に出て、空を仰いで待っていた。

——やがてかすかに爆音がきこえ、小さい機影が空

から生まれてきた。だが、どうしたというのだ！　その機影は五つしかない。（中略）

やがて、飛行機は停止した。風防をあけて半田飛曹長が姿をあらわした。私はその姿に向かって、下から大声をあげて呼びかけた。

『本田は、本田はどうしました？』

半田飛曹長は私に気づくと、突然、首をうなだれた。そして、機から降りてきた彼は、私の手をとるなり、

『申しわけない。本田は喰われてしまった。俺の不注意からだ。済まない、許してくれ』といった。（中略）

坂井一飛曹の秘蔵っ子、本田敏秋二飛曹

半田飛曹長は、指揮所で次のように報告した。

『モレスビー上空へは、六機単縦陣、高度四千メートルで進入しました。もちろん進入する前に見張りを厳にして、敵戦闘機のわれを邀撃するもののないことを確認して進入したのであります。

われわれは、敵基地地上の状態を一層よく確かめるために、単縦陣のまま大きく左旋回し、徐々に降下に移って高度約二千メートルのあたりまで下げたとき、いきなり上空から、Ｐ－39数機が降ってきたのであります。

それまで上空には、敵機一機もなし、と思って安心していたのは、私の不覚でありました。私は敵戦闘機の機銃音で、はじめて敵の攻撃に気がつき、とっさに敵の射弾を回避しました。（中略）

しかるに二番機の本田二飛曹は、……本田は……一番後であったために、敵数機の集中銃火を浴びて……一瞬の間に、そうです、あっという間に火だるまになって墜ちていってしまったのです……』（中略）

この出来事いらい、正直なところ、半田飛曹長は空

の英雄としての光彩を失ったように思えた。事実、彼は空戦の達人ではあったが、しかしそれは悠長なる支那事変時代のイメージであった。今われわれの頭上の空で、日夜戦われている空戦は、もはや、半田飛曹長を置き去りにしているのである」

と、なおも大先輩半田飛曹長への叱責と非難はこの後もつづく。その後、半田飛曹長は肺結核に侵され、八月内地に送還された。六年の闘病生活を送ったが、再起出来ぬまま、昭和二十三年に逝去した。

その後、夫人が坂井に送った手紙では、「半田は最後まで、坂井の列機を失ったことを気に病んでおりました」という。

これまでの出来事に対しては、すべて坂井の記憶ちがい、勘ちがいですましてきたが、ここは少し違うようだ。

最愛の列機を失った怒りと悲しみが、いまもなお抑え切れずに、いまはの際まで気にしていたという、人のよい半田飛曹長にぶつけられている。それはいいのだが、いつもは冷静な坂井が事実と違う話を作り上げてしまった。

それでは、半田飛曹長の名誉のためにも、事実を検証をしてみよう。

まず始めに半田飛曹長が台南空に着任したのは、坂井のいう五月ではなく二月で、今回が初出撃ではなく、すでにモレスビー攻撃にも十回以上出撃し、その間、撃墜七機の戦果をあげ立派なエースであることはすでに述べた。

つぎに、本田敏秋二飛曹とのペアも、はじめてのように坂井はいっているが、実は、そうではない。過去二回あった。

『行動調書』によれば、四月二十二日、ラエ上空哨戒の四直に、小隊長半田、二番機本田二飛曹、三番機前田芳光一飛兵で飛んでいる。

同じく二十九日のモレスビー攻撃では、笹井中尉率いる零戦八機の第二小隊長は半田飛曹長、二番機本田二飛曹、三番機羽藤三飛曹のペアである。この日、坂井は攻撃に参加していない。

こまかい話はそれぐらいにして、五月十三日の『行動調書』を調べてみよう。

第一小隊　1半田亘理飛曹長　被弾×二
　　　　　2本田敏秋二飛曹　自爆戦死
　　　　　3新井正美三飛曹　被弾×六
第二小隊　1西沢広義一飛曹　無
　　　　　2山崎市郎平二飛曹　無
　　　　　3山本健一郎一飛兵　無

1015　fc×六［零戦］ラエ基地発進
1100　モレスビー上空突入、モレスビー飛行場にB－26×六、B－17×二着陸しあるを認める
1105　P－39十数機及び　B－26×一を空中に認め、之と空戦
1130　キド付近に於いて敵P－39数機と遭遇。空戦中被弾、一小隊二番機自爆
1130　戦場離脱
1230　fc×五ラエ基地帰着
本田敏秋二飛曹自爆戦死、P－39戦闘機四機撃墜（内二機不確実）B－26一機飛行場に不時着せしむ
半田飛曹長被弾×二　新井三飛曹被弾×六
総合評点A

この記録からわかることは、『大空のサムライ』の坂井の話とはかなりちがうようだ。

半田率いる零戦六機は、十一時モレスビー上空に進入した。飛行場にはB－26中爆六機、B－17重爆二機が認められた。五分後、敵P－39の編隊十数機と単機のB－26を発見、直ちに空戦に入った。

味方はわずかに六機だが、いずれも歴戦の搭乗員だ。なにしろ、空戦の神様にエースの西沢一飛曹がいる。たちまち敵機を圧倒、四機を撃墜（うち二機不確実）したが、残りの敵機は得意のダイブで逃げ去った。

それとは別に、逃げ遅れたB－26爆撃機一機を撃破し、飛行場外へ不時着せしめた。

敵機がすべて逃げ去ったので、半田小隊は集合場所（？）のモレスビー飛行場の西隣り、キド飛行場上空

に差しかかる。時刻は十一時半、突如、上空からP－39数機の奇襲をうけた。

まったくの奇襲だった。急激な操作で避退したが、一瞬遅かった。機体に激しい被弾のショックをうける。半田機は二発、新井機は六発被弾した。避退の遅れた本田機は、たちまち、火達磨になった。

奇襲をうけた前後のようすは『大空のサムライ』のとおりだが、そのまえに多数の敵機と激しい空戦があった事実が、すっぽり抜け落ちている。

坂井の話では、半田編隊はモレスビー上空をゆうゆうと、しかも、高度二千メートルを単縦陣で大名行列しているところを、奇襲されたという。これでは、あまりに無防備で墜としてくださいといってるようなのは素人でも分かる。

何故、坂井はここまで話を作り変えて、半田飛曹長をおとしめるようなことをいったのだろうか……。

それはひとまず置いといて、ここでアメリカ側の資料を見てみよう。

『AIR WAR PACIFIC』では「8PG：第八追撃航空群のP－39が、正午にモレスビー／セブンマイル飛行場の間の上空でインターセプトし、二機のA6M（零戦）を撃墜した」

『8FG IN WW II』は「ハーベイ・カーペンター大尉に率いられた（8PG）第三五戦闘飛行隊の六機のP－39が、同じ機数の零戦をインターセプトした。時刻はABOUT NOON（正午ごろ「真昼の決闘」？）だった。

彼我入り乱れて空戦中に、さらに第三六戦闘飛行隊のP－39二機が、まもなく戦闘に加わった。ポール・G・ブラウン大尉と列機のエルマー・F・グラム中尉だった。二機のP－39はそれぞれの（奇襲？）攻撃で、確実に一機ずつの零戦を撃墜した」という。

さらに、日本側の資料も調べたらしく、台南空の本田敏秋二飛曹を撃墜したのは、ブラウンかグラムか、VICTIM OF EITHER：どちらかの犠牲者、であるという。

筆者の推測では本田二飛曹を撃墜したのは、第三六飛行隊隊長のポール・G・ブラウン大尉だと考える。それはグラム中尉はこの撃墜のみで、他の撃墜記録は見当たらない。

　ブラウン大尉は四月三十日、五月八日、十三日、十四日、十八日とそれぞれ零戦一機撃墜を報告している。なのに何故エースではないのかというと、最初の撃墜はProbable：不確実、と正直に報告しているからである。

ノースアメリカンB－25ミッチェル双発爆撃機

　さらに同書は、十四日にもブラウン大尉は台南空の唯一の未帰還、大島徹一飛曹（甲1）を撃墜したというが、これは明らかに違う。

　この日、五月十四日、台南空は河合大尉率いる零戦十五機がモレスビー攻撃を行なった。

　坂井は珍しく、第二中隊長笹井中尉の二番機として（笹井中尉の用心棒はこれ一回きりだ）参加した。坂井は本田二飛曹の弔い合戦と張り切っていた。モレスビー上空でP－39十数機を発見、空戦を開始したが、敵には戦意がなく、すぐ逃げ散ったので、坂井はじめ味方には撃墜はなかった。

　帰途についた零戦隊は、スタンレー山脈上空でB－25ミッチェル爆撃機、五機編隊とばったり遭遇した。B－25は逃げ足速く、二機に黒煙を吐かしたのみだった（一機不確実撃墜と報告）。

　逆に、B－25の防御砲火をうけ、大島一飛曹が自爆、列機の奥谷順三二飛曹が被弾のために着陸時に大破した。

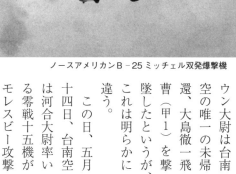

　ブラウン大尉はエースにはなりそこねたが、この時点では第三六戦闘飛行隊最高の多数機撃墜者だった。写真でみると少し米国俳優モンゴメリイ・クリフト似で、痩せ形の職人顔の男だ。
　それにひきかえグラム中尉の撃墜は、後にも先にもこれ一機。はっきりいえば、まぐれ当たりだ。彼の攻撃した零戦は、おそらく新井三飛曹機で、被弾六発、一瞬煙を吹くかガソリンを吹くかしたのを、撃墜と思ったのだろう。

撃墜確認ほど難しいことはないのだ。いままでアメリカ側の誇大数字を笑っていたのが、この日の空戦で台南空はＰ－39撃墜四機（うち二機不確実）、Ｂ－26一機と報告した。

が、実は、アメリカ側の失われたＰ－39はただ一機、第三五戦闘飛行隊隊長のカーペンター大尉が酷いダメージを受けて、不時着時にクラッシュした。

モレスビー北西郊外二十マイルの不時着場所から翌日、無事に生還した彼は、その後も同飛行隊隊長として戦いつづける。写真をみると口髭など生やしているが、繊細な感じの小柄な男だ。

この日、カーペンター大尉を撃墜したのは西沢一飛曹ではないだろうか。

それと、Ｂ－26のほうは作戦飛行をおえて、基地に帰還してきたとき零戦と遭遇、激しい攻撃をうけ、飛行場の端に不時着大破した。これは半田飛曹長らの報告のとおりだった。

大ベテラン高塚寅一飛曹長

本田二飛曹の最後について、『大空のサムライ』『台南空戦闘行動調書』とアメリカ側の資料をつきあわせてみたが、機数、時刻、など細かい点は、やはり、藪の中ではあるが、まとめると次のようになる。

半田飛曹長率いる台南空六機の零戦は、モレスビー飛行場を強行偵察中の五分後、空中に同数の第三五戦闘飛行隊のＰ－39と第二二爆撃大隊のＢ－26一機を発見。直ちに空戦に入り、Ｐ－39、Ｂ－26各一機を確実撃墜して圧倒した。

洋 紀行 ニューギニア［カラー版］	西村　誠	2200
洋 紀行 ペリリュー アンガウル トラック［カラー版］	西村　誠	2200
軍局地戦闘機	野原　茂	2200
われの日本軍機秘録	野原　茂	2200
本の飛行艇	野原　茂	2200
集ドイツの戦闘機	野原茂責任編集	2800
集日本の戦闘機	野原茂責任編集	3200
機に青春を賭けた男たち	野村了介ほか	2000
空母艦物語	野元為輝ほか	2000
水艦隊	橋本以行ほか	2000
原莞爾と二・二六事件	早瀬利之	2000
謀本部作戦部長 石原莞爾	早瀬利之	3600
巡二十五隻	原　為一ほか	2000
ニューギニア戦線 極限の戦場	久山　忍	2400
ニューギニア戦線 鬼哭《きこく》の戦場	久山　忍	2300
科練の戦争	久山　忍	2200
二十八 塾 近代未満の軍人たち	兵頭二十八	1700
二十八 塾 日本の戦争Q&A	兵頭二十八	1800
軍少将高木惣吉正伝	平瀬　努	2300
ーガー戦車I&II 戦場写真集	広田厚司	2200
イツ戦車 戦場写真集	広田厚司	1800
イツ装甲兵員車戦場写真集	広田厚司	2300
イツIV号戦車 戦場写真集	広田厚司	2100
ッケウルフFw190戦闘機 戦場写真集	広田厚司	2200
ボート戦場写真集	広田厚司	2000
メルとアフリカ軍団 戦場写真集	広田厚司	2000
艦 機銃、電探、哨信儀等現状調査表	福井静夫作成・編纂	8000
戦と帝国艦艇	福井静夫	3800
閣を奪え！中国の海軍戦略をあばく	福山　隆	1900
本離島防衛論	福山　隆	1900
ぜ日本陸海軍は 同して戦えなかったのか	藤井非三四	1800
真で る 海軍糧食史	藤田昌雄	2300
真で る 日本陸軍 兵営の食事	藤田昌雄	2000
真で る 日本陸軍 兵営の生活	藤田昌雄	2400
真で る 明治の軍装	藤田昌雄	2900
本本土決戦	藤田昌雄	2600
の戦争	船村　徹	1700

東京裁判の謎を解く	別宮暖朗 兵頭二十八	1800
満州歴史街道	星　亮一	1800
新選組を歩く	星　亮一＋ 戊辰戦争研究会編	2400
海軍戦闘機隊	「丸」編集部編	1800
局地戦闘機「雷電」	「丸」編集部編	3200
空母機動部隊	「丸」編集部編	1800
軍艦メカ日本の空母	「丸」編集部編	3000
軍艦メカ日本の重巡	「丸」編集部編	3000
軍艦メカ日本の戦艦	「丸」編集部編	3000
決戦戦闘機 疾風	「丸」編集部編	2800
【決定版】写真・太平洋戦争①	「丸」編集部編	3200
【決定版】写真・太平洋戦争②	「丸」編集部編	3200
最強戦闘機 紫電改	「丸」編集部編	2200
坂井三郎「写真 大空のサムライ」	「丸」編集部編	2200
写真集零戦	「丸」編集部編	3000
重巡洋艦戦記	「丸」編集部編	1800
心神vsF-35	「丸」編集部編	2800
図解 零戦	「丸」編集部編	2300
スーパー・ゼロ戦「烈風」図鑑	「丸」編集部編	2200
図解・軍用機シリーズ(全16巻)	雑誌「丸」編集部編	1900〜2200
究極の戦艦 大和	「丸」編集部編	2000
日本兵器総集	「丸」編集部編	2300
不滅の零戦	「丸」編集部編	2000
零式艦上戦闘機	「丸」編集部編	3000
世界最古の「日本国憲法」	三山秀昭	1800
原爆で死んだ米兵秘史	森　重昭	2000
空母瑞鶴の南太平洋海戦	森　史朗	3600
秋月型駆逐艦	山本平弥ほか	2000
空母二十九隻	横井俊之ほか	2000
海軍戦闘機列伝	横山　保ほか	2000
アナログカメラで行こう！①②	吉野　信	各2300
ブロニカ！僕が愛した伝説の中判カメラ	吉野　信	2400
日本戦艦の最後	吉村真武ほか	2000
首都防衛三〇二空	渡辺洋二	3600
Uボート西へ！	E・ハスハーゲン 並木　均訳	2000
ライカ物語	E・G・ケラー 竹田正一郎訳	2500
戦艦「大和」図面集	J・シコルスキー 原　勝洋訳・監修	4800

単行本

自衛隊ユニフォームと装備100!	あかぎひろゆき	1700
戦艦「武蔵」	朝倉豊次ほか	2000
海軍護衛艦《コンボイ》物語	雨倉孝之	1800
海軍ダメージコントロール物語	雨倉孝之	1900
伊号潜水艦	荒木浅吉ほか	2000
頭山満伝	井川 聡	3400
現代ミリタリー・インテリジェンス入門	井上孝司	2600
現代ミリタリー・ロジスティクス入門	井上孝司	2300
戦うコンピュータ2011	井上孝司	2300
海の守護神 海上保安庁	岩尾克治	2400
ビルマ戦記	後 勝	1800
海鷲 ある零戦搭乗員の戦争	梅林義輝	2200
ミリタリー・グルメ 戦闘糧食の三ツ星をさがせ!	大久保義信	2300
イタリア式クルマ生活術	大矢晶雄	1700
呉・江田島・広島 戦争遺跡ガイドブック	奥本 剛	2300
【図解】八八艦隊の主力艦	奥本 剛	3400
陸海軍水上特攻部隊全史	奥本 剛	2300
特別攻撃隊の記録 海軍編 陸軍編	押尾一彦	各2200
日本軍鹵獲機秘録	押尾一彦 野原 茂	1600
日本陸海軍航空英雄列伝	押尾一彦 野原 茂	2300
〔普及版〕聯合艦隊軍艦銘銘伝	片桐大自	3000
これだけは読んでおきたい 特攻の本	北影雄幸	1900
特攻隊員語録	北影雄幸	2000
虚構戦記研究読本	北村賢志	2600
軍医大尉桑島恕一の悲劇	工藤美知尋	1800
山本五十六の真実	工藤美知尋	2400
零戦隊長 二〇四空飛行隊長 宮野善治郎の生涯	神立尚紀	2700
撮るライカⅠ・Ⅱ	神立尚紀	各2300
坂井三郎「大空のサムライ」研究読本	郡 義武	2000
台南空戦闘日誌	郡 義武	2300
インドネシア鉄道の旅	古賀俊行	1900
戦艦十二隻	小林昌信ほか	2000
海軍戦闘機物語	小福田晧文ほか	2000
陸軍の異端児 石原莞爾	小松茂朗	2200
重巡十八隻	古村啓蔵ほか	2000
異形戦車ものしり物語	齋木伸生	2400

戦車謎解き大百科	齋木伸生
ドイツ戦車博物館めぐり	齋木伸生
ドイツ戦車発達史	齋木伸生
ヒトラー戦跡紀行	齋木伸生
大空のサムライ	坂井三郎
正史 三國志群雄銘銘傳〔増補・改訂版〕	坂口和澄
一式陸攻戦史	佐藤暢彦
海軍大将 米内光政正伝	実松 譲
駆逐艦物語	志賀 博ほか
陽炎型駆逐艦	重本俊一ほか
戦車と戦車戦	島田豊作
Nobさんの飛行機画帖 イカロス飛行隊 1 2	下田信夫
Nobさんの飛行機画帖 イカロス飛行隊 3 4	下田信夫
Nobさんのヒコーキグラフィティ【全】	下田信夫
海軍空戦秘録	杉野計雄ほか
なぜ中国は平気で嘘をつくのか	杉山徹宗
海軍攻撃機隊	高岡 迪ほか
写真で行く満洲鉄道の旅	髙木宏之
写真に見る満洲鉄道	髙木宏之
日本陸軍鉄道連隊写真集	髙木宏之
日本軍艦写真集	髙木宏之
秘蔵写真に見る 世界の弩級艦	髙木宏之
満洲鉄道写真集	髙木宏之
満洲鉄道発達史	髙木宏之
母艦航空隊	高橋 定ほか
世界のピストル図鑑	高橋 昇
海軍食グルメ物語	高森直史
海軍と酒	高森直史
海軍料理おもしろ事典	高森直史
神聖ライカ帝国の秘密	竹田正一郎+森亮資
海軍駆逐隊	寺内正道ほか
補助艦艇物語	寺崎隆治ほか
人間提督 山本五十六	戸川幸夫
日本海海戦の証言	戸高一成編
史論 児玉源太郎	中村謙司
太平洋戦跡紀行 ガダルカナル［カラー版］	西村 誠
太平洋戦跡紀行 サイパン グァム テニアン［カラー版］	西村 誠

この時点では零戦隊は全機無事だった。

その後、敵影を見なかったので集合地点のキド飛行場上空で、西沢小隊を待っていた半田小隊に、上空から二機のP－39が襲いかかった。

第三六戦闘飛行隊のP－39二機、ブラウン大尉とグラム中尉だった。

半田飛曹長機はとっさに避退、三番機新井正美三飛曹（乙9）機は被弾したが、急所をはずれていた。二番機本田敏秋二飛曹はブラウン大尉の猛射をうけて火炎につつまれ、落下した。敵地上空なのでバンドを装着していなかったか、落下傘降下はしなかった。

この日、間一髪、被弾しながらも無事に帰還した新井三飛曹は、その後も戦いつづけた。しかし、三ヵ月後の八月十四日、ブナ上空で味方船団護衛中に来襲したB－17と交戦、船団は無事だったが、彼は惜しくも被弾し自爆した。

坂井の弁護をすれば、半田飛曹長と五月末着任した高塚寅一飛曹長（操22）を混同したのではないか。大ベテラン高塚飛曹長は九月十三日、ガダルカナル上空で戦死するまで十三機撃墜が公認されている。

(5)あゝ山口中尉の最期

――スタンレー山脈のジャングルに死す

山口馨中尉は鹿児島県大口市出身、大口中学から海軍兵学校に進んだ。笹井中尉と同じ江田島のコレス（同期）六十七期である。薩摩男児らしく寡黙でおっとりした人物だ。

山口中尉は四月の改編で新たに台南空に着任したと、坂井もいっているとおり、新参の搭乗員だった。しかし、四月二十一日、モレスビー攻撃に初参加してから、二十六日、五月四日、十日、そして十七日の今日ですでに五度目のモレスビー攻撃になる。

今日は小隊長だが、その間、一度は零戦七機、二度目は九機率いる指揮官として攻撃に参加して、かなりモレスビー街道も通いなれてきていた。

モレスビー北の敵飛行場を果敢に地上銃撃し、狙ったP－39をみごと炎上させた。敵は地上砲火を増強したのか、今日の反撃は強烈だった。

オーエンスタンレーの峻険を越えて攻撃に向かう台南空の零戦

対空砲火の機銃弾がエンジンに命中した。つづいて突入した二番機伊藤務二飛曹も黒煙をふく。山口中尉は単機、フラフラになって飛びながら帰途についた。が、眼前には峨々たる山脈がせまってきた。スタンレーの魔女が手招いている。

（ニューギニア東部のスタンレー山脈主峰、アルバートエドワード山は標高四〇五四メートル、富士山より高い）

心配した坂井や僚機がまわりにあつまってきた。その数は七、八機に達した。山口中尉のまわりをぐるぐる回りながら、風防をあけて、手まねや大声で、頑張れ、頑張れとはげました。『大空のサムライ』によればーー

この山脈を越えるためには、ここらで徐々に機首をあげなければならない。山口中尉も、必死になって上昇したいのだが、なにぶんにも速力がないのでどうにもならない。といって、私たちもこのまま飛んでいるわけにもいかない。

そのとき山口中尉は、決然とした顔をして、私たちを見た。そして何か手振りを示した。

「駄目だ。自分は敵地に引き返して自爆する。諸君は自分にかまわずいってくれ。友情に感謝する」

その手振りは、こう言っているのである。

ーーああ、どうしたらいいんだ。私は飛行機のなかで足踏みをした。他の友軍機も、それを見るや、

「自爆してはいかん、頑張れ、頑張れ」

と、手で押してやるような気持で、山口中尉機に寄りそうのだが、山口機はさらに速力が落ちていって、もうほとんど失速寸前で、フラリフラリと機翼が揺れだした。

と見るや、急に右へ大きく反転して、モレスビー港の方へ向かって引き返しはじめた。（中略）落下傘という考えも、もちろん浮かんだ。しかし、もちろん落下傘を持っているはずはない。落下傘さえあれば、ここで一個の貴重な生命を救えたかもしれないのに……。

当時の日本の飛行機乗りは、だれも落下傘をもっていなかった。とくに戦闘機乗りは、戦闘に絶対に必要なもの以外は、すべて出撃のときに棄てたのだ。少しでも機を軽くして、空戦性能をよくするようにと、ただそれだけしか考えなかった。

もしも敵地において被弾したら、ただ自爆するだけさ。そういった、あっさりした観念を、いつのまにか植えつけられていた。（中略）
　こうして、息をのんで凝視している多くの戦友機の目の前で、山口中尉機はフラリフラリと降下し、やがてこんもり繁ったジャングルの中へ吸いこまれように静かにはいってしまった。

と、悲壮な山口中尉の最期について、坂井はドラマチックに描写している。さらに基地にもどった坂井たちは、救援のための食料投下を具申する。

　幸いこれは許可され、乾パン、ビスケット、などの非常食、包帯などの医療具、水筒にいれた水、煙草などを梱包し、坂井と笹井中尉はすぐ引き返し、山口中尉の消えた地点に投下したという。

　山口中尉をはじめ台南空の搭乗員、また日本戦闘機隊の搭乗員は本当にパラシュートを持っていなかったのだろうか？

　筆者は『坂井三郎空戦記録』を初めて読んだとき、ひどいショックを受けた。子供ごころにも日本軍はなんと非人道的なのかと義憤を感じた。

が、心配ご無用、実は落下傘は持っていたのだ。もちろん、台南空の零戦二一型もすべて機体に搭載されていた。

　零戦の操縦席はごつい金属のフレーム板でできており、背中に重量軽減の打ち抜き穴が十数個あいている。座席のお尻の部分も、いまの乗用車のようなクッションなどはない。

　だから、折り畳まれた落下傘の傘体が座席のクッションがわりになっており、傘体を尻に敷かないと座りぐあいも悪く、座高の関係もあって、完全な操縦ができないようになっていた。

　少し前には五キロもある落下傘をぶら下げて不自由だったが、その後改良され、傘体とバンドの分離方式となった。飛行服の上から装着バンドをつけて、座席で傘体とバンド（索）をつないで準備完了となる。

　装着バンドというのは、救命胴衣の上から最後につけるが、太股から左右二本で上体を斜め十文字にしばり、中央のバックルでとめる太いベルトのことで、通常は緑色。

では、坂井は山口中尉の最期で、これを承知のうえで、なぜ、落下傘があればとか、台南空のパイロットは持っていなかった、と読者を迷わすような記述をしたのだろうか。

これも、察するに、筆がすべったというよりも、悲壮な山口中尉の最期のようすを強調し、読者に訴えたかったのではないか。それと日本軍の不条理さ、空中戦の苛烈さ、戦友愛などなど、盛り上がってくる真情を押さえきれなかったのだろう。

これについては、坂井自身も気になっていたのか、『続・大空のサムライ』で、次のように説明している。

「飛行機に搭乗するときは、かならず、落下傘を携行しなければならない、という規則があったが、私たちは敵地上空で操縦不能になった場合、落下傘で生きのびることなどは夢にも考えていなかったから、用意はしなかった。

用意はしなかったというのは、落下傘を持っていかなかったということではない。(中略)この装着バンドさえも敵地攻撃には用意していなかった。これは決して命令ではなかったが、だれ一人として使うものはいなかった」

とのべて、さらに補足理由として次のふたつをあげている。

(1)落下傘バンドを装着すると、戦闘機のせまい操縦席では動作がきゅうくつで、とくに後ろを振りむいて行なう見張りがとてもやりにくい。また、人間の身体は、長時間かたくしばりつけられることには抵抗を感じるものである。

(2)第二の理由は笑い話にもならないことだが、おそらく、ラバウル航空隊の落下傘は飛び降りても開かなかったであろうし、たとえ開いても破れてしまったのではないかと思われる。

これは、日頃の維持管理がわるく、開戦いらい一度も中身をしらべていない。おまけに高空で我慢できず、みんなでかわるがわる小便をしみこましているから、傘体は腐っているかもしれないという。

だが、この心配もご無用だった。

実は、去る一月二十六日、バリクパパン基地上空を哨戒中(一直)の台南空零戦三機に、敵の中型爆撃機が十機来襲した。三機は果敢に迎撃し、二機撃墜(うち一機不確実）したが、坂口音次郎一飛曹（甲1）機が被弾し火災が発生した。やむなく坂口機は落下傘降下し、火傷をおったが無事生還したことがあった。

山口中尉機も落下傘は装着してあった、しかし、飛び降りなかった。それは何故だろう。これはやはり、坂井のいうようにモレスビーのような敵地攻撃の場合は落下傘を使わず、いさぎよく死をえらぶということ。したがって装着ベルトをつけていても答えは同じだろう。

武士道精神の発露か、生きて虜囚の辱しめを受けず、という戦陣訓にもつながり、その後の沖縄集団自決にもかかわってくる大きい問題だろう。

古今東西、優秀なパイロットの養成には膨大な時間と労力が必要だ。一朝一夕ではできない。後知恵といわれようとも、万難を排して生還すべし、落下傘は有効に利用せよ、という人間的な指揮官がひとりもいなかったのは、いまさらながら淋しい感じがする。

それでいて、実は、零戦にも最低のサバイバルキットをつんでいたのだ。矛盾していないだろうか。米軍のように発信器やマーカーまですべては完備してないが、それでもゴム浮舟、水、乾パン、ウイスキーなどの最低の常備品はそなわっていたという。

「ウイスキーなどは、誰が飲むのか、いつの間にかありませんでした」とは土方氏の話。

のちに、八月三十日、ガダルカナルの空戦では、つい四月まで台南空の飛行隊長だった、豪勇をもってなる新郷英城大尉が、翔鶴・瑞鶴戦闘機隊十八機を率いて進撃した。

米海兵隊空軍（カクタス）ＶＭＦ－223飛行隊長ジョン・スミス大尉（最終撃墜数十九機）はグラマンＦ４Ｆ十五機を率いて迎撃し、零戦隊を圧倒した。

零戦は自爆未帰還八機、不時着四機をかぞえ、Ｆ４Ｆは全機帰還した。初めての戦場とはいえ、信じられない不名誉な記録である。

新郷大尉もスミス大尉に撃墜され、エスペランス岬沖に不時着水したが、敗残の設営隊員に救助された。が、落下傘降下ではない。

このあと、さらに台南空の歴戦のエースたち、笹井中尉、高塚飛曹長、羽藤三飛曹、太田一飛曹までもが、ガダルカナル上空でつぎつぎに散華していく。いずれ

長駆カダルカナル攻撃に向かう台南空の零戦——幾多の歴戦のエースたちが次々と散っていった。右はグラマンＦ４Ｆ戦闘機

も最後は自爆未帰還と記され、その最後はよくわからないが、落下傘降下した形跡がない。

やはり、台南空の搭乗員はすべて、敵地侵攻の場合には、落下傘のベルトを装着しなかったと思われる。

どんな名人でも思わぬ不覚をとることはある。一度の失敗、一度の不運、イコール死に直結するのでは残酷すぎる。戦術的にかんがえても、それでは思いっきり果敢な空戦もできないだろう。いまさらながら、残念無念、断腸の思いである。

それにひきかえ、連合軍のパイロットは、いとも簡単に何度でもベイルアウト(落下傘降下)する。そしてスポーツ感覚で戦うかれらは、タフに粘り強く戦いつづける。

有名なのはドイツ空軍の「黒い悪魔」と呼ばれたエーリッヒ・ハルトマン大尉だ。世界最高の撃墜記録三五二機も超人的だが、被撃墜、不時着を十六回。うち半分はパラシュート降下で、しかも一度も負傷しなかったというから、まさにスーパーマンである。

最後に参考までに、山口中尉が最期をとげた五月十七日の『行動調書』を掲げておこう。たしかに「任務:モレスビー攻撃」として、中島正少佐率いる零戦十八機が作戦に参加している。

当日の編成表は次のとおり。

〈第一中隊〉

第一小隊　1中島　正少佐
　　　　　2西沢広義一飛曹
　　　　　3羽藤一志三飛曹　被弾二

第二小隊　1山口　馨中尉(自爆)
　　　　　2伊藤　努二飛曹(自爆)
　　　　　3新井正美三飛曹　被弾一

第三小隊　1吉野　俐飛曹長
　　　　　2山崎市郎平二飛曹　被弾一
　　　　　3山本健一郎一飛兵

〈第二中隊〉

第一小隊　1山下政雄大尉

機銃弾　6220
撃墜　P－39 六機(内不一機)
撃破　P－39 三機

2太田敏夫一飛曹
3本吉義雄一飛兵

第二小隊　1笹井醇一中尉
2米川正吉三飛曹
3水津三夫一飛兵

第三小隊　1坂井三郎一飛曹
2熊谷賢一三飛曹（引返す）
3日高武一郎一飛兵

0620　ラエ基地発進
0814　モレスビー上空突入
0920　一中隊、モレスビー北方新飛行場地上銃撃後、一部空戦
二中隊、上空の敵戦闘機（P－39）十一機認め、空戦開始
0940　迄に戦場離脱
1145　零戦十三機ラエ基地帰着
零戦二機サラモア基地帰着
敵P－39六機撃墜（一機不確実）、地上撃破P－39三機

(6)遠藤三飛曹の初撃墜
——歴戦パイロットへの第一関門

『大空のサムライ』によれば、

「本田二飛曹を失った私（坂井）は、彼の代わりとして遠藤桝秋三飛曹をもらいうけた。彼も以前から、私の小隊員になりたくて駄々をこねていた男なので、私は日頃から可愛がっていたから、それを知っていた中島飛行隊長が、さっそく本田の代わりとして、私の二番機に遠藤をくれたのであろう。

本田二飛曹のお通夜の晩に、『貴様の仇はきっと俺たちでとってやるぞ』とみんなで誓ったが、その弔い合戦の時は、意外に早くやってきた。

遠藤桝秋三飛曹（写真は一飛曹進級後）

五月十四日、本田がやられた翌日だった」

というわけで、本田二飛曹の代わりに二番機となったのは、乙九期出身の遠藤桝秋三飛曹だった。長身でハンサムな好青年だ。

この日のモレスビー攻撃は零戦十二機、指揮官は笹井中尉、坂井は第三小隊長で二番機は遠藤三飛曹、三番機は羽藤三飛曹だった。

モレスビー上空、高度六千メートルで侵入、同高度に敵編隊を発見した。しかし、この日の敵は広い空域に二、三機ずつバラバラに位置していた。味方も思い思いに敵を求めて分散し、坂井小隊も左前方の敵二機に反航戦での攻撃をしかけた。

実は、この日、坂井は出撃前に遠藤三飛曹を呼んでこういったという。

「遠藤、貴様は、きょうが俺との初出撃だから、何かプレゼントをやろう。もしもきょうの空戦が非常に暇だったら、適当な獲物を、俺が若干いためてから貴様に渡すから、貴様はそれを抜かりなく墜とせ。いいか、そのつもりで油断なく俺についてくるんだぞ」

坂井はそれを忘れずに、敵機（P－39）の追撃を途中で遠藤機にゆずった。あまり痛めつけないで渡したからか、遠藤機はこの初撃墜に大いにてこずった。

四千メートルで始まった空戦は、どんどん高度が下がり、ついにジャングルすれすれになった。鹿追う猟師は山を見ず、もう夢中の遠藤はそれでも敵機の追撃をやめない。坂井もハラハラしながら援護しつつついていく。

それでも、ようやく、遠藤は最後の一連射を放つ。敵機は、火も吐かず煙も出さず、スポンとジャングルに飲み込まれてしまった。

基地に帰ってから、本当に墜としたか、敵の機種は、双発か単発か、高度何メートルで墜としたか……などの、坂井の厳しい追及に何も答えられなかったが、

「おかげさまで、一機墜とさしてもらいました。こんな嬉しいことはありません。はじめて飛行機乗りになった日よりも、きょうの方が嬉しいです」

と、彼は無邪気にいった。


はじめて『坂井三郎空戦記録』を読んだとき、「米川三飛曹の初撃墜」というこの話には、腹をかかえて笑ってしまった。最高に笑える楽しいエピソードである。ところが、後年『大空のサムライ』を読んだら、遠藤三飛曹に名前が変わっており、おや、と思った。

それでは五月十四日、モレスビー攻撃の『行動調書』を見てみよう。

任務：モレスビー攻撃　戦闘種別：空戦

〈第一中隊〉
第一小隊　1河合四郎大尉
　　　　　2吉田素綱一飛曹
　　　　　3日高武一郎一飛兵
第二小隊　1山口　馨中尉
　　　　　2太田敏夫一飛曹
　　　　　3新井正美三飛曹
第三小隊　1大島徹一飛曹（自爆）
　　　　　2奥谷順三二飛曹
　　　　　3本吉義雄一飛兵
〈第二中隊〉
第一小隊　1笹井醇一中尉
　　　　　2坂井三郎一飛曹
　　　　　3水津三夫一飛兵
第二小隊　1吉野　俐飛曹長
　　　　　2宮　運一二飛曹
　　　　　3山本健一郎一飛兵

機銃弾4300　撃墜B-25×二機（一機不）

０５１５　ラエ基地発進
０６１５　モレスビー上空突入
０６３０　空中にＰ－39約十機を認め空戦開始
０７１５　戦場離脱（モレスビー北方新飛行場にＰ－39十六機を認む）
０７５５　帰投の途中零戦七機、Ｂ－25五機と遭遇空戦、二機に黒煙を吐かしめ内一機は落伍（撃墜不確実）
０８３０　ラエ基地帰着（自爆機一）
綜合評点　Ｃ
大島一飛曹が自爆戦死、奥谷二飛曹が被弾のため着陸時大破

この日は指揮官河合四郎大尉率いる零戦十五機による、戦闘機のみによるモレスビー攻撃、ファイタースイープとなっている。「本田二飛曹を失う」の項でも述べたとおり、坂井が笹井中尉の用心棒をつとめた唯一の出撃だ。

三番機は水津三夫一飛兵（操54、七月四日ラエ上空でＢ－25に体当たり戦死）となっている。『大空のサムライ』にあるような二番機遠藤、三番機羽藤の名前はどこにもない。

それもそのはず、このころ二人ともラバウルに後退して、この日午前八時三十分、羽藤三飛曹は来襲したＢ－26三機の邀撃戦に参加している。高速のＢ－26は逃げ足はやく、数機の零戦で追撃したがついに捕捉はできなかった。

「彼（遠藤）も以前から私の小隊員になりたくて、駄々をこねていた男なので、私（坂井）は日頃から可愛がっていた。それを知っている中島飛行隊長が、さっそく本田の代わりとして、私の二番機に遠藤をくれたのであろう」

というのも、分かりやすい読者サービス。小隊固有の編成など存在しなかったことは、先にも触れたとおりである。

それにこの日の空戦は、本田の弔い合戦の日だ、と坂井が意気込むほどの空戦にならなかった。綜合評価Ｃが示すように、敵Ｐ－39に戦意が見られず、したが

宮崎儀太郎飛曹長

米川正吉三飛曹

って激しい空戦にならず撃墜もなく、戦果は帰途に遭遇したB－25一機不確実撃墜のみであった。

　唯一の公式文書『飛行隊戦闘行動調書』（防衛省戦史室蔵）にも誤りはある。とくに編成表の人名のマチガイや記載もれは散見できる。

　しかし、一日分すべての間違いはなく、戦争初期の勝ち戦さで余裕のあった時期のもの、台南空のものはかなり正確である。

　では、これはいつの出来事か、『行動調書』を丹念にチェックした。

　驚いたことには、坂井はたった一度、六月十七日のモレスビー爆撃隊援護しか、遠藤三飛曹とペアを組んだことがないのだ。（基地上空の当直哨戒は除く）

　最愛の本田敏秋二飛曹を失ってからは、五月、六月、七月とほとんどは米川正吉三飛曹が二番機をつとめている。

　三番機は固定されていないが、それでも日高一飛兵と吉村啓作一飛兵（操56）が交互に大部分をしめている。ただし、日高一飛兵は六月十六日、サラモア付近のP－39との空戦で行方不明になっている。

　では当初の『坂井三郎空戦記録』に書いた「米川三飛曹の初撃墜」のままで押し通せばよかったと思われるが、実は、米川三飛曹は四月十一日に、すでに初撃墜を記録している。

　この日、早朝ラエ基地上空哨戒の第一当直に吉野俐飛曹長以下五機の零戦が舞い上がった。三十分後、P

－40戦闘機九機、Ａ－24攻撃機（海軍機ＳＢＤドーントレスの陸上型）七機が来襲した。

これに気づいた零戦隊は有利な態勢から迎撃し、吉野飛曹長、後藤龍助三飛曹、丹治重福一飛兵がそれぞれ一機のＡ－24を撃墜、米川三飛曹、羽藤一志三飛曹が仲よくＰ－40を撃墜した。味方は丹治一飛兵（丙2）が自爆戦死した。

坂井はこの事実に気がつき、米川から遠藤に改めたのかもしれないが、一度しかペアを組んでない遠藤では無理がある。

ちなみに遠藤三飛曹の初撃墜は、五月二十八日のモレスビー攻撃で、宮崎儀太郎飛曹長の列機をつとめ、見事にＰ－39を一機撃墜している。

遠藤桝秋三飛曹はその後、笹井中尉にも可愛がられてたびたび列機をつとめる。六月一日、七月六日、八月四日と着々と戦果をかさね、立派なエースに成長する。

ニューギニア、ソロモンの激しい航空戦を生き残り、十一月、台南空とともに再編のためにいったん内地へ引き上げた。

昭和十八年五月、二五一空と名称をかえての再度のラバウル進出には、歴戦の基幹搭乗員として参加し、連日のソロモン航空戦に奮闘した。

六月七日、向井大尉の指揮する零戦三十六機はルッセル島上空に進攻したが、迎撃してきた約百機の敵機（Ｆ４Ｕ、Ｐ－39、Ｐ－38、Ｐ－40）と大空戦になった。

遠藤一飛曹（進級）はＰ－40を一機撃墜したが、自身も別の敵機に撃たれて、ついに自爆、戦死した。総撃墜数十四機が公認（『行動調書』に記載）されている。

米川、遠藤でもなく、それでは誰なのか……。このエピソードは作り話なのか？

いや、そう考えるのは早計で、これは誰でもよいのだ。坂井の長い空戦体験の間に実際いくつもあった話を坂井が見聞し、増幅して読者におもしろく提供したものだろう。

腕と度胸に運も味方しなければ、なかなか敵戦闘機は墜とせないのだ。初撃墜どころか、まず空戦三回を無事に生還することが、歴戦のパイロットになる第一関門とされていたのだ。

念のため、『続・大空のサムライ』を読み返していたら、なんと、こんどは本吉一飛兵の初撃墜の様子が詳細に語られている。

「五月のある日、三番機米川兵曹にかわって、本吉がついた。本吉はこれまでにも数回の出撃は経験したが、まだ敵機の撃墜は一機もなかった。もうすでに相当の腕前にはなっていたが、ベテランたちの空戦技術は、けたちがいであった。

目がはやく、手がはやく、とくにこちらが優勢のときなど、若者の墜とす敵機など、空戦場に残っていなかった。それこそ、あれよあれよというまに、先どりされてしまい、小隊長のうしろにぶら下がり、ついてまわるのがせいいっぱいであった」

というわけで、ある日のモスレビー攻撃で本吉義雄一飛兵（操53）は、なんとかP－39を初撃墜するのだが、そのようすは米川、遠藤兵曹の場合とまったくおなじである。

五月のある日というが、本田二飛曹が健在のころなので五月一日から十二日の間の出来事だろう。『行動調書』を調べてみると、本吉一飛兵の初撃墜は五月一

有田義助二飛曹

本吉義雄一飛兵

日、P－39一機撃墜（不確実）と記録されている。三日にも撃墜が記録されているが、これはP－40であとは見当たらない。

ところが、五月一日のモレスビー攻撃には笹井中尉をはじめ第二中隊はもちろん、坂井も参加してないのだ。この日、山下政雄大尉の指揮する零戦九機の編制は次のとおり。

第一小隊	1山下政雄大尉	710	撃墜P39一機
	2太田敏夫二飛曹	1110	
	3本吉義雄一飛兵	310	P39不確実
第二小隊	1半田亘理飛曹長	1110	P39一炎上、撃破一
	2有田義助二飛曹		（自爆）
	3久米武男三飛曹	1110	
第三小隊	1西沢広義一飛曹	710	撃墜P39一機
	2上原定夫二飛曹 3河西春男一飛兵	2620	

午前五時二十五分にラエ基地を発進、モレスビー飛行場を銃撃中、敵P－39約十機を上空に発見し、これと空戦。山下、西沢機がそれぞれ一機ずつ撃墜。さらに半田機は地上銃撃一機炎上、一機撃破、我が方は開戦時、比島攻撃にも参加した有田義助二飛曹（大津中、甲3）が自爆した。

本吉機は、被弾一発で「一機に煙を吐かしむるも撃墜にいたらず、被弾一発」とある。したがって、この日は残念ながら初撃墜ではないようだ。

アメリカ側の記録では、第八追撃航空群のP－39は、モレスビー上空の二回の空戦で二機のA6Mを撃墜、二機にダメージをあたえた、と相変わらずの水増し戦果を主張している。

しかし、また驚いたことにはアメリカ側も、第三六戦闘飛行隊のドナルド・C・マクギー中尉が撃墜（着陸大破、乗員無事）されただけだという。

この日、空中パトロールしていた五機のP－39は、飛行場を銃撃中の零戦を発見した。マクギー中尉は下方の零戦の後方にとりついて射撃したが、乗機P－39Dの新型照準器になれておらず、最初の一撃ははずれた。

再度、接近して射撃をすると、零戦は黒煙をはいて滑走路の北約一マイルのジャングルに墜落した。その間、零戦はまったく気づいていなかった。後日、その零戦の残骸を確認した。

その後、マクギー機は他の零戦から激しく撃たれて機体は大破したが、かろうじて基地に着陸した。キャノピーにも大穴があき、飛行帽の上のサングラスも粉々に割れていた。このことから、有田義助二飛曹を撃墜したのはマクギー中尉と断定してもいいだろう。

その彼を撃墜したのは、やはり西沢一飛曹だと思われる。これがマクギー中尉と第三六戦闘飛行隊にとっての初の戦果だった。

第三五戦闘飛行隊のD・キャンベル大尉も零戦一機撃墜を報じているが、こちらは完全にガセネタだ。

マクギー中尉は、五日に不確実一機、二十九日にも零戦二機を撃墜、その後、P－38に機種変更してからも一式陸攻、飛燕などの撃墜を記録、計六機撃墜のエースとなっている。

彼は、一九二〇年七月、ニューヨーク生まれの二十一歳。写真をみると、いかにも陽気で典型的なヤンキー野郎だ。

さて、つぎは五月三日、本吉一飛兵の初撃墜を検証してみよう。

『行動調書』によれば、この日のモレスビー攻撃の編制と行動は次のとおり。

第一小隊　1山下政雄大尉　燃料タンク不良、引返す
　　　　　2西沢広義一飛曹　撃墜P40×一機
　　　　　3遠藤桝秋三飛曹
第二小隊　1山口　馨中尉
　　　　　2本田敏秋二飛曹
　　　　　3羽藤一志三飛曹
第三小隊　1坂井三郎一飛曹　撃墜P40×二（内一不）
　　　　　2久米武男三飛曹
　　　　　3本吉義雄一飛兵　撃墜P40×一機

0645　ラエ基地発進

0700　中攻隊に合同
0745　指揮官燃料タンク不良引返す
0805　中攻隊爆弾投下避退
0820　敵P－40六機と空戦開始、四機撃墜
（内一機不確実）
0845　帰途に就く
0935　ラエ基地帰着
西沢P－40一機、坂井二機（内一機不確実）本吉一機撃墜。綜合評点B

指揮官山下大尉の率いる零戦九機は、ラバウルからきた四空の中攻隊十二機と合同、山下大尉は燃料タンク不調で引き返したが、中攻隊は爆撃終了ののち避退した。

その後P－40（実はP－39）六機を発見して空戦、四機を撃墜（不確実一機）し全機が無事に帰還した。本吉機は念願の初撃墜をはたしたが被弾一発。

アメリカ側の記録も資料によって少々異なるが、第八戦闘航空群（五月からすべての追撃航空群が戦闘航空群に名称変更）、第三五、三六戦闘飛行隊のP－39十機がインターセプトして、午前九時にモレスビー上空でG3M＝Betty（一式陸攻）を三機撃墜した。

自軍の損害は、第三六戦闘飛行隊のジョセフ・S・ラベット中尉のP－39が撃墜された。

ラベット中尉は、撃墜されコンバットエリア内に機体とともに垂直に落下した。というが、一機のみの撃墜がこの状況では、本吉機の撃墜もマボロシに近いので、ここは、これ以上追及しないことにする。

日本側がP－39をP－40とまちがえのは、前日のモレスビー攻撃では豪州空軍、第七五スコードロン（飛行隊）のP－40が迎撃、これと空戦したので、その先入観があったのではないか。

米側は零戦は撃墜できなかったが、その代わり一式陸攻を三機撃墜したと主張している。が、四空の陸攻隊は全機が無事にラバウルに帰還している。ただ一機、佐々木孝文少尉機が着陸時に大破したのみだった。

このように、撃墜確認はむつかしく、両軍ともに戦果はふくらんでしまうのは仕方ない。列機にとっての

中国大陸の山岳地上空を攻撃に向かう九六艦戦の編隊。坂井機から撮影したもの

九六式艦上戦闘機の翼下でカメラにおさまる坂井三郎三空曹。中国戦線漢口基地にて

中国戦線にあらわれたソ連製の戦闘機イ－15(上)とイ－16

相生高秀大尉

初撃墜はチャンスが少なく、さらにむつかしいのである。

ところが、その困難な初撃墜をいとも簡単に、しかも、なんと初出撃でなしとげた、天才的な空戦の名人が日本海軍戦闘機隊には何人か存在する。かくいう坂井三郎もその一人である。

昭和十三年十月五日、第十二航空隊の九六式艦上戦闘機十五機は、相生高秀大尉（兵59）の指揮のもとに、南支九江基地を飛び立った。目指すは揚子江上流三百キロ、武漢三鎮の要衝、漢口の敵基地である。

（九六艦戦は零戦の一代前の戦闘機、脚はでたままだが旋回性能は零戦よりよかった。最大速度四三五キロ／時）

初陣の坂井一空兵は、このとき二十歳の若武者だった。しかも指揮官の三番機であり、小躍りし喜び勇んで攻撃に参加した。

漢口上空で敵機イ－16（ソ連製戦闘機、最大速度五二二キロ／時）を発見、坂井機は真っ先に突進し一撃をかける。しかし、弾丸が一発も出ない。それもそのはず、弾丸が全装填されていなかったのだ。やはり、初

陣であがっていたのである。（九六戦は胴体前部に七・七ミリ機銃二梃装備）

装填をやりなおした坂井は、全弾を射ちつくして、「尾部からパッと黒い煙をふき、同時に敵機はガクンと機種をさげ、そのまま下方へ突っ込んでいく。しかし、下方は一面の密雲である」。それでもなんとかこのイ－16を撃墜した。

（この状況では、撃墜判定の厳格なドイツ空軍では、不確実撃墜、いや撃破ぐらいだろう）

この日、一緒に出撃した親友宮崎儀太郎三空曹も初撃墜をはたした。しかし、帰隊したふたりは、初陣の手柄をほめられるどころか、隊長からこっぴどく叱りとばされた。

「初めて空戦に参加して、味方機から離れて敵を墜とそうなどとは身のほど知らずだ」

叱りながらも、相生隊長は内心ではこの二人は只者ではないと感じていたはずだ。が、他の先輩たちから、ふんだんに往復びんたを食わされた。

しかし、上には上がいるものだ。初陣で、しかも初撃墜をふくめて敵五機（うち一機不確実）を撃墜したという、世界空戦史にもまったく例をみない天才的な戦闘機パイロットがいる。それが岩本徹三中尉（操34）だ。

昭和十三年二月二十四日、南京大校場飛行場を飛びたった十五機の九六艦戦があった。指揮官は田熊繁雄大尉（兵58）、第一中隊二小隊長は、これぞまさしく空戦の神様、黒岩利雄一空曹、三番機に岩本一空兵（当時）がいた。

上海公太《クンダ》基地を発進した中攻隊四十八機と合同し、敵基地南昌飛行場爆撃の援護である。南昌上空、爆撃をおえた中攻隊をねらって、つぎつぎと敵機イ－15が上空雲間から襲いかかった。

その敵機をねらって、岩本一空兵は突進する。降下姿勢のイ－15に肉迫、距離約五十メートルにせまって必墜の引き金をひく。

近接射撃をあびた敵機は、たちまち火達磨となって墜落していった。初撃墜のうれしさは、さすがにからだ中の血をおどらせた。

大乱戦のなかを戦いぬいた岩本一空兵はイ－15五機

（一機不確実）を撃墜し、最後に基地に帰投した。もちろん、この日の最高撃墜者である。こうなると、怒られるどころか、司令も「よくやったなア」と感心する始末。

さらに四月二十九日の漢口攻撃では、イ-15、イ-16あわせて五機を撃墜（一機不確実）し、またも最高撃墜者となり、塚原二四三司令官から司令官賞を授与されたという。

太平洋戦争とは比較にならない、のんびりした支那事変とはいえ、栴檀《せんだん》は双葉より芳し、やはり、戦闘機に乗るために生まれて来たような、運命を背負った男である。

岩本徹三は太平洋戦争でも、全戦域を終戦の日まで戦いぬいて西沢広義の八十七機についで、八十機撃墜（本人は二〇二機を主張）のスーパーエースとなったが、惜しくも昭和三十年、三十八歳の若さで病死した。

〝虎徹〟と自称し、切れ味鋭い、垂直降下（ズーミング）一撃必殺戦法の岩本こそ、筆者は日本一の撃墜王だと思っている。

ちなみに、岩本も坂井も、大正五年生まれの同年兵である。

(7)敵基地上空で編隊宙返り

——坂井、西沢、太田＝台南空三羽烏の快挙

敵基地モレスビー上空で、坂井、西沢、太田の台南空三羽烏が華麗な編隊宙返りを披露した。『大空のサムライ』によれば——

五月二十七日、わが空襲によってさんざん叩かれ、もはや残り少なくなっていたモレスビー基地であったが、またまた戦闘機が四十機ほども補充されたらしいという情報が、空中偵察の結果もたらされた。

その日は特に飛行隊長中島少佐が、みずから指揮官となって出撃することになった。この攻撃行に参加した零戦はいつものように、午前六時二十分にラエ基地を出発した。

この日、私は珍しく笹井中隊から除かれて指揮官直衛の二番機にえらばれた。三番機には西沢広義一飛曹

後列右より坂井三郎一飛曹、笹井醇一中尉、高塚寅一飛曹長。前列は西沢広義一飛曹(右)と太田敏夫一飛曹

がえらばれた。
われわれは、この日の編隊こそ日本最強の戦闘機隊と自負していた。その出撃にふさわしく、空は雲一つない快晴で志気はいやがうえにも高まっていた。通い慣れたモレスビーの空路を、きょうも高度六千メートルで進撃して、八時十四分、そのまま敵基地上空に進入した。（中略）

零戦隊は敵基地上空をいきつもどりつして敵機をさがすが、どこにも見えない。

もう一度逆もどりしてみた。その時、坂井にはなにかチラッと見えた。高度七千メートル、距離一万メートル。見えたというより、〝いるらしい〟という気配である。

指揮官機を誘導して坂井は接近する。敵は四、五十機の大編隊だ。またも坂井自慢の視力二・五が敵を発見した。

敵の編隊が気づかないうちに、敵編隊の真正面の下方から、急速に接近する。

いよいよ攻撃開始、敵の長い縦陣に零戦の細長い帯がかさなった瞬間、下の帯が一斉に上の帯を突きあげていった。

各機が思い思いの急上昇である。この瞬間、敵の編隊は乱れて各機ばらばらになり、右左に急降下して遁走を開始した。

坂井は、狙った敵P－39操縦席の真下付近に二十ミリをたたき込み、撃墜した。さらに次の敵機をもとめた。

が、空戦は一瞬にして終了した。

不意を突かれた敵は、あわてふためいて戦意を喪失し、数秒のちには視界から消えた。P－39の突っ込み速度はもの凄いのだ。

指揮官の無事を確認した坂井は、いきなり反転して、呆気にとられている指揮官や僚機を尻目に、モレスビー上空にもどっていった。

さらに二機の零戦が大きなバンクをふりながら、坂井の後を追っていった。

西沢、太田一飛曹の零戦だった。

坂井は風防をあけ、指を頭の上でくるくる回した。

それから今度は、指を三本だした。

「編隊宙返りを、三回やるぞ」の合図だった。西沢、太田もニッコリ笑って手をあげ、「了解」の合図をかえした。

三機は増速すると、そのまま緊密な編隊宙返りを連続三回やった。胸のすくような気持ちだった。

西沢一飛曹が「もっと高度を下げて、もう一回やれ」と合図するので、高度二千メートルまで下りてもう一度、見事な編隊宙返りを連続三回やった。その間、敵の地上砲火は一発もうってこなかった。

日頃からの念願をはたして、満ち足りた気持ちで、何食わぬ顔をして基地に帰った。

「どうだ、満足したか」

というと、二人は、

「はい、いつ死んでもいいです」と答えた。

内密にしていたのだが、いつのまにか搭乗員たちの間で話題になり、二、三日後、笹井中尉の耳にもはいって、目の玉が飛び出るほど叱られた。

これには後日談があり、敵機がラバウルに果たし状をなげこんだ。

「先日の宙返り飛行士は、大いにわれわれの気にいった。今度くるときは緑色のマフラーをつけて来られたい。われわれは、その英雄たちを歓迎するであろう」

いかにも、茶目っ気のあるヤンキーらしい返答だ。彼らは戦争をスポーツかゲームのようにとらえている節がある。

が、笹井中尉は、そんなことするのはヤクザみたいで嫌だといって、握りつぶしたという。

以上が『大空のサムライ』のなかでも、もっとも痛快で楽しい「敵基地上空で編隊宙返り」の要約である。

命のやりとりをする非情な空戦場にあって、坂井はじめ若いパイロットたちのエネルギーと人間味あふれる、また、アメリカ側のフェアに態度も好感度抜群で、筆者のもっとも好きなエピソードである。

実際に単機のＰ－40が飛来し、通信筒を投下したという話も聞いたことがある。

それでは五月二十七日の『行動調書』を調べてみよう。

「任務　モレスビー攻撃」　種別　空戦、指揮官　大尉山下政雄

編成			消耗兵器	被害	効果
〈第一中隊〉					
第一小隊	1山下政雄	大尉	機銃弾二五〇	無	
	2羽藤一志	三飛曹		無	戦果ナシ
	3本吉義雄	一飛兵		無	
第二小隊	1吉野　俐	飛曹長	機銃弾六五〇	無	スピットファイア一機撃墜
	2吉田素綱	一飛曹		無	引返す
	3国分武一	三飛曹		無	スピットファイア一機撃墜
					P－39一機協同撃墜
第三小隊	1西沢広義	一飛曹	機銃弾八〇〇	無	P－39一機撃墜
	2新井正美	三飛曹		無	スピットファイア一機不確実
	3熊谷賢一	三飛曹		無	P－39一機撃墜
〈第二中隊〉					
第一小隊	1山下丈二	大尉		一空	
	2菊池左京	二飛曹			

小隊	搭乗員	階級	使用弾	被害	戦果
	3岡野　博	一飛兵			
第二小隊	1栗原克美	中尉			千歳空
	2古森久雄	二飛曹			
	3二宮喜八	一飛兵			
第三小隊	1山下佐平	飛曹長			一機撃墜（不確実）
	2小林克巳	一飛曹			
	3大西要四三	三飛曹			
〈第三中隊〉					
第一小隊	1笹井醇一	中尉	機銃弾三五〇	無	戦果ナシ
	2太田敏夫	一飛曹		無	〃
	3水津三夫	一飛兵		無	スピットファイア一機撃墜
第二小隊	1宮崎儀太郎	飛曹長	機銃弾二〇〇	無	戦果ナシ
	2宮　運一	二飛曹		無	〃
	3遠藤桝秋	三飛曹		無	〃
第三小隊	1坂井三郎	一飛曹	機銃弾八〇〇	無	P-39一機不確実
	2米川正吉	二飛曹		無	引返す

3日高武一郎一飛兵）　　無　P-39一機撃墜

0850　ラエ基地発進（二機引返す）

1005　モレスビー突入、P-39、スピットファイア約三十機を認め空戦開始　計十機撃墜

1030　戦場離脱

1130　全機ラエ基地帰着

綜合評点　特

(7)敵基地上空で編隊宙返り

華麗な編隊宙返りに水を差したくはないが、この日のモレスビー攻撃も『大空のサムライ』の記述とはかなり違うようだ。

まず指揮官は中島少佐ではなく、山下政雄大尉（兵60）で、坂井は第三中隊第三小隊長のほぼ定位置にいる。

いつもの笹井中尉の第二中隊が第三中隊にずれたのは、第二中隊に一空、千歳空から応援にきた新着のメンバーが加わったからである。

それまでマーシャル方面の防備についていた一空・千歳空から選抜された十五名の搭乗員は、山下丈二大尉（兵66）に率いられ、二、三日前にラバウルに到着した。当初、彼らは応援だったが、まもなく台南空に編入され共に戦うことになるが、この日が彼らの初陣だった。

中島の親分みずからが指揮した攻撃はあまり多くはない。のちのガダルカナル攻撃など数回あるが、用心棒は相性がいいのかほとんど西沢一飛曹がつとめている。

よく調べてみたが、坂井が中島親分の用心棒をして

大木芳男一飛曹（左）と坂井一飛曹

台南空飛行隊長・中島正少佐

出撃したことは一回もない。しかし、中島少佐が敵を撃墜したこともなく、名指揮官であったかどうかは別にしても、出撃したことは特筆に値する。

日本海軍戦闘機隊の指揮官は大尉までで、少佐になると飛行長などといって格好つけて、飛ばなくなるのだ。陸軍では少佐、中佐はもちろん、飛行団長になっても果敢に空中指揮をとるのは珍しくない。

もちろん、英米はじめ独空軍でも、佐官の空中指揮は当たり前の話だ。日本海軍だけは英国海軍の悪しき伝統（貴族趣味）を受けついで、上品ぶっているのは困ったものである。

ちなみに笹井中尉の用心棒は、太田一飛曹がつとめることが多かった。が、笹井中尉の最後の出撃になった、八月二十六日のガダルカナル攻撃は、なぜか大木芳男一飛曹が二番機だった。

さて、この日の出撃は敵機P－39（スピットファイアは間違い）約三十機と二十五分間にわたり空戦、そのうち十機を撃墜（うち不確実三機）、全機が無事に帰還した会心の空戦だった。西沢一飛曹も坂井も、それぞれP－39一機を撃墜（坂井は不確実）している。

それではアメリカ側の資料を見てみよう。

『AIR WAR PACIFIC』によれば「第八追撃航空群のP－39パイロットは、四機のA6M（零戦）を十一時十五分から正午の間に、ローソン山（所在不明）上空で撃墜した」とマボロシの戦果を報告している。

『8th FG in WWⅡ』によれば、

「九機と六機の二編隊の零戦を邀撃するため、第三五戦闘飛行隊隊長ハーベイ・カーペンター大尉（コールマン髭をはやした知的で小柄な男だが、大工のような顔ではない）率いる第三五、三六戦闘飛行隊のP－39二十機がセブンマイル飛行場をスクランブル発進した。

カーペンター大尉は敵の裏をかこうとした(?)が、零戦の素早い（nimble な）動きに悩まされた。広範囲の激しい空戦の結果、C・ファレッタ中尉、L・P・マークス中尉が Zero をそれぞれ一機撃墜、クリフ・H・トロッセル中尉が一機不確実撃墜（ただし、たっぷり弾丸を浴びせた）、J・L・バーリー中尉が一機撃破」

と報告している。

自軍の損害は二機、第三五戦闘飛行隊のアルバ・G・ホーキンズ中尉がMIA（戦闘中行方不明）、第三六戦闘飛行隊のホーンスビー大尉が撃墜され、海岸に緊急不時着したが、しばらくして無事に基地にもどってきた。

ほかにも数機の被弾損傷機があったが、二人は台南空の西沢と坂井に墜とされたものだろう、と述べている。

九機と六機の零戦編隊（二機引き返す）ということから、おそらく第一、第三中隊が戦闘に参加、初陣の第二中隊は上空援護の見物だったのだろう。零戦は全機が無傷で帰還したことから、米側の戦果は相変わらず全部マボロシの戦果だ。

台南空の確実七機撃墜もかなりオーバーな数字だが、二機の撃墜だけでは、評価が「特」にはならないが、終始、敵を圧倒した空戦だったことは間違いない。残念ながら米側の資料に編隊宙返りのことは、どこを探しても出てこなかった。

ところが最近、乙飛予科練機関紙『雄飛』八六号（昭和六十三年一月発行）を読みかえしていたら、「戦

台南空のエースとして並び称される西沢広義一飛曹（右）と坂井三郎一飛曹

友　西沢広義中尉の面目」と題する、坂井の特別寄稿文が目についた。

これには、西沢との出会いから、卓越した彼の戦技などのエピソードがつづられている。ある日の空戦で、P－39と一対一の決闘よろしく垂直旋回戦闘にまきこみ、P－39が失速しスピンにおちいったが、再度たちなおるのを待って一撃で撃墜、基地に帰って「今日の空戦はあと味が悪い！」と呟いたという。

この話のあとに、編隊宙返りのエピソードが語られている。

「六月二十五日、敵基地に戦闘機が多数集結したという情報に、この日は珍しく御大《おんたい》中島飛行隊長の御出馬となり、私が二番機、西沢が三番機をつとめることになった。

予想に反して敵機の大半はいち早く逃走したあとで少数の敵機は、手の早い味方にあっという間に撃墜されてしまった。

帰投予定集合地点に味方が集まってきた。全機無事を確かめおわって私は隙を見て味方から離脱した。目指すはポートモレスビー市街南方の海上である」

と以下は、編隊宙返りのようすがのべられているのだが、これでは、六月二十五日の出来事になっている。念のため当日の『行動調書』『編成調書』をチェックしてみよう。

この日のモレスビー攻撃は戦闘機だけのファイタースイープ（殴り込み）だ。指揮官中島正少佐以下二十一機の零戦が出撃した。

〈第一中隊〉

第一小隊　1中島　正少佐
　　　　　2西沢広義一飛曹　P39×二撃墜
　　　　　3山本健一郎一飛兵
710

第二小隊　1栗原克美中尉
　　　　　2木村　裕三飛曹
　　　　　3国分武一三飛曹　P39×一撃墜
200

第三小隊　1高塚寅一飛曹長　P39×二（内一不）
　　　　　2羽藤一志三飛曹　P39×一撃墜
　　　　　3上原定夫二飛曹　P39×一撃墜
1300

〈第二中隊〉

第一小隊　1山下丈二大尉
　　　　　2山崎市郎平二飛曹
　　　　　3岡野　博三飛曹　P39×一撃墜
650

第二小隊　1山下佐平飛曹長
　　　　　2一木利之二飛曹
　　　　　3大西要四三三飛曹
550

〈第三中隊〉

第一小隊　1笹井醇一中尉　P39×一撃墜
　　　　　2米川正吉二飛曹
　　　　　3遠藤桝秋三飛曹
400

第二小隊　1坂井三郎一飛曹　P39×一撃墜
　　　　　2熊谷賢一三飛曹
　　　　　3吉村啓作一飛兵　P39×一撃墜
550

1015　fc×二一　ラエ基地発進
1110　モレスビー上空突入（港内に大型商船一を認む）
1115　P－39十数機を空中に認め空戦開始
1130　一部キド飛行場偵察、地上に小型五機を認め銃撃
1145　戦場離脱
1300　fc×二一　全機ラエ基地帰着
　撃墜十一機（内一機不確実）
綜合評点　A

西沢二機撃墜（うち一機共同）二機撃破、高塚二機撃墜（うち一機不確実）、坂井一機撃墜、ほかに国分、羽藤、上原、岡野、笹井、吉村が各一機撃墜、合計十一機（不確実一機）の大戦果で、味方全機が無事というひさしぶりの完全試合だった。

しかし、この編成表をみると、西沢は中島少佐の二番機、坂井は笹井中隊の第二小隊長の定位置で、坂井の記憶（記述）とは大幅にちがっている。

それに、なにより肝心の太田敏夫一飛曹がいないではないか。主役が一枚欠けては坂井、西沢、太田の揃いぶみにならない。

本当にこの日が、モレスビー上空編隊宙返りの記念すべき日だったのだろうか。

米側の資料にはもちろん、そんなことは記されてないし、当日の記録に実戦の記載がない。検証すればするほど藪の中だ。

またニューギニアは雨季に入り、六月後半から七月は天候が悪化したせいもあり、モレスビー攻撃は少なくなり、それにともない、大規模な空戦もほとんどなかったといえる。

おもしろいのは、調書に「P－39なりやスピットファイアなりや不明の点あり」と書き込まれていることだが、これはもちろんP－39が正しい。

第八戦闘航空群と六月から交代した第三五戦闘航空群、第三九戦闘飛行隊のオリーブドラブとダークアースのまだら迷彩塗装のP－39を、スピットファイアと見間違えたようだ。

またアメリカ機は開戦当初、機体の星印のなかに描

英国の主力戦闘機スーパーマリン・スピットファイア

いていた赤丸を、日の丸と見間違うというので六月初めまでにはすべて塗り消した。が、逆に日本側もこの赤丸を英豪空軍機の蛇の目マークと見間違えたこともあった。

『大空のサムライ』でも「英国新鋭機あらわる」という項目で、坂井は六月十六日、モレスビー上空でスピットファイアを一機撃墜したと誇らしげにのべているが、もちろん、これは第三九戦闘飛行隊のP－39か、P－400の間違いなので、特にあらためて検証をしなかった。

　英国の誇るスピットファイアが豪州地区に登場するのは、もっとおそい。

　昭和十八年一月、クライブ・R・コールドウエル中佐に率いられた三個飛行隊が、豪州北部ダーウィン防衛に展開し、海軍第二〇二航空隊（第三航空隊改称）の零戦と対決した。

　約半年間にわたり、数度ダーウィン爆撃に来襲した一式陸攻と零戦を迎撃したスピットファイアVc型との確実な収支バランスは、零戦三機、陸攻二機撃墜にたいし、スピットファイア損失合計三十八機と、完敗というより惨敗を喫した。

　コールドウエル自身、当時ドイツ機十八機撃墜のエース（最終撃墜数二十八・五機）で、部下もヨーロッパ戦線でドイツ機を相手に戦果をあげたベテランパイロットで編成されていた。

　自慢の旋回性能を誇示し、自信をもって零戦に格闘戦をいどんだが、ホームグランドにもかかわらず航空史に特筆されるべき大敗をしてしまった。

　第二〇二航空隊の前身は第三航空隊である。昭和十七年十一月一日付けの改編で名称が変わったが、開戦時より台南空とともに車の両輪のごとく、南西太平洋で撃墜をかさねてきた名門戦闘機隊だった。

　表舞台の台南空のように、米海軍戦闘機隊などの強敵と対戦することもなく、裏舞台のケンダリーに基地をおき、開戦一年後でも休養と訓練十分の熟練搭乗員が多数をしめていた。

　したがって「零戦不敗神話」が崩れつつあったこの時期でも、名実ともに唯一の常勝不敗の戦闘機隊としての実力を温存していた。

　この二〇二空に対し、爆撃機撃墜の主任務をすてて、零戦のもっとも得意とする格闘戦をいどんだのだから、さすがのコールドウエル中佐率いるスピットファイア隊も、手痛い敗戦をみたのは当然だ。

　ようするに相手が悪かったのだ。が、彼らは次のように弁解している。

　埃《ほこり》でエンジン不調になった機体が多かった。予備がなく交換できなかったため、大部分の機体は出力が大幅におちたまま使用しなければならなかった。

　ある戦闘では第五四中隊の、わずか七機のスピットファイアしか、零戦に追いつくことができなかったという。

(8)ラエ上空の邀撃戦
——危うしジョンソン元大統領

　さて次は、坂井三郎空戦記録のなかでも、もっとも華麗なエピソードの一つ、リンドン・ジョンソン元大統領を撃墜寸前に追いやった、六月九日、ラエ基地上空の苛烈な邀撃戦に話をすすめよう。

『大空のサムライ』(新版)』では五月二十八日、『続・大空のサムライ』では六月九日、『大空のサムライ』(初版)では六月のある日だが、空戦状況はだいたい同じだ。

　この日、珍しく出撃予定がなく、搭乗員は朝からノンビリと休養をとった。とはいっても、いつ敵の来襲があるかわからないので、指揮所からはなれずに、その近くにたむろしてヘボ将棋やザル碁に興じていた。

　午前十時、ラエ東方五十マイルのマーカス岬の見張所から無電がはいった。

「敵、爆撃機の一群、ラエに向かう」

基地は色めきたった。それっとばかりに搭乗員は零戦に向かって走る。坂井も指揮所から百メートルほどはなれた、海岸寄りに置かれた愛機に駆けた。そして飛び乗った。

直ちに発進、しかし、きょうにかぎってエンジンがかからない。何度も始動を繰り返し、ようやくエンジンがかかったが、坂井の離陸は一番最後になった。

坂井は山側にむかって猛然と滑走を開始した。ところが真正面からも、猛烈な速度で滑走してくる零戦がいる。

間一髪、相手の右翼と坂井機の右翼がふれたかと思われた。が、同時に坂井機は地面をけって、ふわりと浮き上がった。その瞬間、ものすごい轟音とともに、土砂が愛機にふりかかり、機体が爆風にあおられてよろめいた。敵の爆撃の第一弾がふってきたのだ。

上空をふりあおぐと、高度五百メートルぐらいをB－26の六機編隊が、爆撃をおえてモレスビーの方向に引き揚げてゆく。その編隊にむかって、先に離陸した零戦が追いすがっている。

B－26二機がたちまち火を噴き落ちてゆく。残りの四機は全速で海上すれすれに逃げ、すでにサラモアの沖合に達している。零戦がつぎつぎと攻撃するが、なかなか墜ちない。味方の機数が多く、衝突をさけるため統制のとれた攻撃ができないのだ。

坂井は味方の攻撃に腹をたてながらも、ようやく最後尾のB－26に一撃をかけ海中に撃墜する。笹井中尉も一機を撃墜し、なおも追跡をつづけた坂井はさらに一機を撃墜したが、残りのB－26一機は逃げ去った。坂井は妙に淋しい気持ちで笹井中尉と翼を並べて基地にかえった。

これが、『大空のサムライ』の要約である。

ところが、『続・大空のサムライ』では少しく話がちがっている。

この日、午前八時ごろに、吉田一写真報道班員が搭乗員のたまりにやってきた。小柄だが元気いっぱい、いつもにこにこして笑顔をたやさぬ柔和な人柄である。

坂井は吉田をともなって、海岸寄りの零戦の前にいって、若い搭乗員たちと記念撮影をした。

「俺も入るよ」というので、若い搭乗員の飛行帽と飛行服をかした。これが有名な坂井の愛機V－173号をバ

零戦（坂井搭乗機）の前で記念撮影。ラエ基地の台南空搭乗員たち——後列左より坂井三郎一飛曹、石川清治二飛曹、吉田一カメラマン。前列は左より上原定夫二飛曹、一人おいて山本健一郎一飛兵、吉村啓作一飛兵

離陸を開始し、ふわりと浮いた瞬間の零戦二二型

ックにしたラエ基地の台南空搭乗員たちの写真だ。吉田を中心に、貫禄十分の坂井と若い搭乗員六名が写っている。搭乗員二名の氏名が特定できないのは残念だが、彼らの表情が明るいのは救いだ。

と、そのときだった。基地に警鐘が乱打された。

「B－17二機が北方に向かっている。即時待機、三機出発せよ」

邀撃の零戦三機が離陸し、雲の中に消え去った。つづいて、さらに新手の敵機来襲を告げられた。

「B－25五機、北方マーカム河上流より低空でラエに向かう。全機上がれ」

敵機五機に全機上がれとは大ゲサだが、これは地上での爆撃被害をふせぐためでもある。坂井はやっと、一番遠い零戦にたどりついた。ありがたいことには、すでに整備員が気をきかせてエンジンを始動していてくれた。

まず現われたのは、B－26でなくノースアメリカンB－25ミッチェルだった。B－25は双発の中型爆撃機だがB－26よりやや小振りで、双尾翼が特徴的ですぐわかる。意外に運動性もよく、この年の四月十八日、空母ホーネットより十六機が軽業師的な発艦をし、東京空襲で名をあげた。最高速度四三八キロ／時、爆弾一三五〇キロ、乗員五名。

坂井はとっさに地上で増槽を落とし、機を軽くして海に向かって全速をかけた。そして、水ぎわまであと百メートルを残す地点で、ふわりと空中に浮いた。

すでにB－25ミッチェル中型爆撃機は一本の細長い集団で、真一文字になって飛行場に進入しようとしていた。すでに先に離陸した零戦が、B－25の真上から襲いかかろうとしていた。

B－25はあわてふためいて、目標の飛行場手前で爆弾を投棄しはじめ、緩降下で海上へ避退にうつった。味方は機数が多いのと、若い搭乗員がわれさきに上がったせいもあって、まだ一機も墜としていない。

やっと、坂井の番になった。一目散にサラモア上空へ逃げようとするB－25編隊の、左端を狙うべく機首をむけたとき、こちらに向かってくる双発の編隊を発見した。六機六機の計十二機のB－26マローダーの編隊である。

敵機はスタンレー山脈をこえて、山肌ぞいに降下し

吉野俐飛曹長

てきて、物凄いスピードだ。ラエ基地が狙われている！ 坂井は僚機とともに反転して、この新手のB－26を追撃した。

坂井はカモ番機に一撃かけたが命中しない、やむなくこれを見逃し本隊を追った。ようやく五機編隊外側の二番機に肉迫、敵機が照準器からはみだした瞬間、呼吸をとめて発射把柄を握った。

全弾命中。B－26の尾翼すれすれにかわす。ふり向くとすでに二番機は跡形もなかった。爆発したらしい。

零戦がつぎつぎと敵編隊を攻撃している。このとき、一機のB－26が遅れはじめた。坂井はこの機に肉迫し、全弾をぶちこむ。手応えは十分だ。しかし、敵機は火を吹かない。ぐらっとゆれたが、ふらつきながら雲のなかに飛びこんだ。運のいい奴だ。（これがジョンソン機だったらしい）

そのとき、零戦が一機被弾したらしく、サラモアの方に離れていった。この被弾機が菊池左京二飛曹で、海上に不時着したらしく、翌日になって死体がサラモア海岸に打ちあげられた。

坂井は弾丸も欠乏し、雲にさえぎられたので、ここで追撃は断念した。しかし、さらに追撃をつづけた零戦数機がワードフンド岬に達したとき、まさかと思った敵戦闘機の奇襲をうけ、ベテランの吉野飛曹長が撃墜された。

この空戦で、わが方はB－26四機を撃墜したが、戦闘機の護衛もなく零戦の群がるなかに、挑戦してきたアメリカ爆撃隊の闘志と冒険心は敬服に値する。

それにくらべて、今日の零戦隊の空戦ぶりは最低といえる。まず、ラバウル航空隊はじまっていらいのことだ。坂井は参加した全員を集めて文句をいった。せいぜい六十点――と酷評した。

以上が『続・大空のサムライ』の要約だが、『大空のサムライ』とは微妙にちがっている。これはなぜだろう。どちらが真実に近いのだろうか。

吉田一報道班員の話

念のため、もう一人、この日ラエ基地にいたという、吉田報道班員の手記をみてみよう。

「今日はモレスビー便は欠航とみえ、士官たちは指揮所内に、また、下士官連中は搭乗員待機所の天幕の中でくつろいでいた。

だが、滑走路を挟んだ両側の列線に並んだ零戦の下には、二、三名ずつの整備員が、翼の陽陰に暑さを避けて横になって待機している。いつ空襲があるか知れぬここでは、一秒でも速くエンジンを始動させねばならぬ彼らは、こんな姿勢で休むより方法がない。

坂井飛曹長が七、八名の若い連中を引き連れ、私に写真を撮ってくれとせがみに来たので零戦の前に整列させ、私も入ってセルフタイマーで

ラエ基地の対空機銃座に
陣どる吉田一カメラマン

一枚撮り、再び指揮所に戻った途端に電話のベルがけたたましく鳴り響いた。（中略）

『〇〇見張所より、サラモア海上〇〇度、敵大型爆撃機六機、〇〇度方向に西北進中、九〇二五』

指揮所から、天幕から、搭乗員が気の狂ったように飛び出した。司令も隊長も、滑走路際まで走りだし、右手を大きく回しながら、

『かけろ！　かけろ！』と整備員をしったする。言われるまでもない整備員はすでに機上に飛び乗り、早くもエンジンをかけて始動をはじめている。

走る搭乗員は無我夢中、だれの飛行機だってかまっちゃいられない。一足でも早く飛行機に飛び乗った者の勝ちだ。あっちでもこっちでも飛行機の争奪戦が始まっている。

やっと機体の側までたどり着き、やれやれと思った途端にとっぽいのに飛び乗られ、また次の飛行機に突っ走る。乗りそこなったら防空壕に縮みあがることになる。

私もとっくにキャメラのレバーを押していた。ファインダーに映るこの懸命の運動会は、吹き出したくなるほどだ。（中略）

敵機を追った零戦は、そのころ、サラモア東南方海上で猛烈な追撃戦を展開、遠くに上昇またはダイブする爆音にまじって、豆を煎るような機銃の連射音が海面を渡って聞こえてくる。

それから三、四十分たつと、ぼつぼつ零戦が還りはじめた。あるいは単機で翼を振りながら、飛行場上空に入って来る。少し遅れて、笹井中尉と坂井飛曹長の二機が翼を並べ、より添って還って来たのが最後だった。

指揮所前に整列した彼らの報告を総合すると、六機のうち一機は逃がしたが、後の五機は確実に海上に叩き落としたとの、どえらく威勢のいい空戦報告だったが、戦闘機同士の、目まぐるしい空戦とは違い、だれもそれほど疲れていそうにも見えなかった。

『休め！』笹井中尉の号令がかかったとき、坂井飛曹長が思いだしたふうに、

『味方機が一機、サラモア沖三哩ほどの海中に突込むのを目撃しました』

と追加報告をしたので、やっと落ち着きかけた指揮所前が、急に緊張と動揺に色めき立った。予定された

攻撃とは違い、飛行機を奪いあっての追撃だから、だれが飛び上がったかさえつまびらかではない」（『零戦とともに』）

吉田一の手記は、この日の邀撃戦を地上から目撃したようすがよくわかる。

坂井飛曹長は愛嬌としても、さらに同書は自爆したのは菊池二飛曹であったという。が、来襲した敵爆撃機が六機でそのうち五機を撃墜した、と微妙な違いある。

しかも、P-39の待ち伏せで吉野飛曹長が撃墜されているのに、それにはまったくふれず「だれもそれほど疲れていそうには見えなかった」というのもおかしい話だ。

この手記は、笹井中尉がラバウルの料亭で、「芋掘り」（酔って暴れること）したなど、搭乗員のようすが活写されおもしろいのだが、肝心の日付の記載がほとんどなく（報道班員の手記なのに）、これが本当に六月九日の出来事だったかと確認することができない。

『大空のサムライ』『続・大空のサムライ』『零戦とともに』の六月九日のラエ基地邀撃戦のもようをくらべてみたが、大筋は合っているが、かなりの食い違いが生じてきた。

が、これらはいずれも事実だと考えられる。ただし、六月九日の出来事というよりも、この前後の出来事がダブリ、印象が強く記憶に残ったことが、この日の出来事に集約されていると考えたほうがよさそうだ。

事実、五月二十五日：B-25×六、二十八日：B-26×五、六月一日：B-17×一、八日：B-26×一、九日：B-17×二、B-25×五、B-26×十一、十一日：B-17×一とラエ基地にはたびたびお客様がおしかけて、そのつど、おっとり刀の邀撃戦がくりかえされていた。

正確な日記でもつけていなければ、戦後十数年たっての記憶による記述では、齟齬《そご》が生じるのが当然なのだ。

肝心の『行動調書』でも、人名など細かい点で間違いはある。まして千変万化の空中戦ではなおさらだ。日米の資料を突き合わせていても、首をかしげたくなることはかなりあるが、だからこそ、できるだけ正確な検証が必要になるわけである。

この話は、たとえば、五月二十四日のラエ邀撃戦（『行動調書』は二十五日）とかさなっている可能性もある。

この日午後、Ｂ－25ミッチェル八機がラエ基地を襲った。笹井中尉、宮崎飛曹長、吉野飛曹長、坂井一飛曹、太田一飛曹などのベテランをふくめ、十二機の零戦がスクランブルした。

この日は見事なチームワークでつぎつぎと六機のＢ－25を共同撃墜した。まったく胸のすくような迎撃戦であった。我が方は渡辺政雄一飛兵（丙2）が自爆。

アメリカ側もこれは認めている。『日米航空戦史』は、

「この日、第三爆撃大隊第一三爆撃中隊のＢ－25六機（『AIR WAR PACIFIC』は八機）は、ハーマン・Ｆ・ロアリー大尉の指揮でモレスビーを飛び立った。護衛戦闘機はなかった。

ロアリー大尉は爆撃機をスタンレー山脈の通路を通って進み、サラモア基地を大きく迂回して東のほうからラエを攻撃した。Ｂ－25は爆撃飛行の態勢をととのえた。零戦二機が正面からＢ－25に向かってきた。このなかには、ラエ最優秀の操縦士の幾人かがふくまれていた。そして、米国の飛行機を皆殺しにした。（五機が撃墜されたようすは、西沢、太田、坂井、笹井がつぎつぎと墜すとのだが、嘘っぽいので省略）

ついで日本の操縦士たちは、残った最後のＢ－25にむらがってきて、ずたずたに銃弾を浴びせたのち、攻撃をやめてラエに引き返した。

機体はほとんどバラバラに成りかけていたのに、どういうわけか搭乗員たちはモレスビーまでたどり着くことができ、操縦士は滑走路のうえに飛行機を胴体着陸させた。六機のうち五機、そして六機目はほとんど残骸となっていた」

撃墜された五機の乗員は、漂流し生還した一名をのぞき、ロアリー大尉以下の全員が戦死したという。『AIR WAR PACIFIC』も珍しく正確に、Ａ６Ｍにインターセプトされ、Ｂ－25五機が撃墜され、一機がクラッシュランディング（着陸大破）したと述べているが、一部は対空砲火によるものと弁解している。

さらに、五月二十八日、この日早朝にもＢ－26五機

がラエ基地に来襲した。一直哨戒中の坂井機と熊谷二飛曹機は、応援の笹井中尉機らと協力して、一機撃墜、二機撃破を報告している。

このように、ラエ基地では連日にわたり、同様の邀撃戦がくりかえされていた。だから、戦後、記憶にたよって六月九日の邀撃戦だけとりあげて、詳細にのべれば矛盾が生じるのは当然のはなしである。

したがって、ラエ基地で吉田報道班員と坂井や若い搭乗員六名が坂井の愛機V－173をバックに仲良く写っている有名な写真は、太陽の位置が高いことや、敵機の来襲が午後で時間的に余裕のあった五月二十五日(または五月二十八日)のショットではないのか。

六月九日は朝から雨雲が低くたれこめていたという。しかも、早朝の邀撃で写真撮影の余裕などなかったように考えられる。

ジョンソン下院議員の前線視察

さて、この日の危険な爆撃行に、なぜジョンソン元大統領が参加し、どのように行動したのか、アメリカ側の記録を中心に、六月九日の空戦をもう一度再現してみよう。

リンドン・B・ジョンソンは、ジョン・F・ケネディが暗殺された一九六三年十一月二十二日、第三十六代合衆国大統領になった強運の持ち主である。ベトナム戦争では北爆を開始し、戦争を拡大、泥沼化したため評価は分かれる。

それでも、歴代大統領の「偉大さ」ランキング(『歴代アメリカ大統領総覧』)では堂々の十位にランクされている。(もちろん一位はリンカーン、二位ワシントン、三位F・ルーズベルトと続き、ケネディは十三位にランクされている)

当時、ジョンソンはテキサス州選出の民主党下院議員で三十三歳。予備役海軍少佐の階級を持っていたので、開戦とともにさっそく軍務につき、さらに第一線勤務を志願する。

これには海軍当局がどうしても許可しなかったので、ルーズベルト大統領に直訴する。

ようやく、「西南太平洋地域の戦闘および補給基地を視察歴訪せよ」との大統領の特命がくだり、ジョンソンは勇躍、五月にワシントンを出発した。同行は陸軍航空参謀サミエル・アンダーソン大佐、陸軍参謀フランシス・スチブンス中佐である。

　五月二十四日、三名は空路メルボルンに到着し、ただちにマッカーサー司令部に出頭した。マッカーサー将軍は三名に面接し、周辺の連合軍の基地ならびに戦況を査察し、大統領に報告してほしいと述べ、その便宜をはかった。

　ジョンソン少佐一行は各地を精力的に視察し、六月三日はシドニー、六日は豪州東岸タウンスビルに到着した。

　当時、タウンスビルは連合軍爆撃隊の一大最前線基地で、B－25、B－26らの中距離爆撃機は、ここから出撃して、いったんポートモレスビーで給油したのち、ラバウル、ラエ、サラモアの日本軍基地を爆撃していた。

　長距離爆撃機B－17は給油の必要がなく、タウンスビルから長駆、日本軍基地に飛来した。

　ここの主力は、すっかりおなじみの、第二二爆撃大隊の双発爆撃機マーチンB－26マローダー（Marauder＝略奪者）だった。

　四月五日の初出撃から六月八日まで十八回も出撃し

マーチンB－26マローダー（上）とノースアメリカンB－25ミッチェル

たが、いずれも戦闘機の護衛なしで、出撃のたびに台南空の零戦に痛めつけられ、補給もなく、まともな機体は一機もないひどい状態だった。

Ｂ－26は新型高速爆撃機として開発されたが、巨大な二千馬力エンジン二基のわりには翼が短く、極端な高翼面過重となり、着陸速度は二一〇キロ／時（Ｂ－25は一五二キロ／時）の高速で、初期には着陸事故が多発した。

おかげでウイドウ・メーカー（後家つくり）なる、笑えない仇名を頂戴し、パイロットに嫌われた。もっとひどいのになると、売女、殺し屋、ひどい淫売婦（さえがないと歩けない?）など、とても活字にできないような仇名で呼ばれていた。

Ｂ－26Ｃの要目、（　）内はＢ－25Ｊ。

出力二千馬力×二（一七〇〇馬力×二）、全幅二一・六四ｍ（二〇・六〇ｍ）、全長一七・六ｍ（一五・八二ｍ）、自重一〇八九キロ（八八四キロ）、武装十二・七ミリ機銃×十二（同）、最大速度四五四キロ／時（四三八キロ／時）、乗員七名（五名）。

ライバルＢ－25よりは一回り大きいだけだが、すべてに新機軸を採用したために、機体価格がＢ－25より五十パーセントもアップし、四発のＢ－17「空の要塞」とほぼ同様になったという。

その影響もあってか、生産機数は四三五一機とＢ－25の半分以下に終わった。

しかし、この悪女のトリコになったパイロットがいたことも事実である。六月九日のラエ爆撃行で零戦の激しい迎撃をかわし、からくも帰還したジェリー・グロッソン中尉もその一人だ。

彼らのように惚れこんだ連中にとっては、Ｂ－26はとほうもなく頑丈で、翼にビヤ樽ぐらいの大穴を開けられても平気、ダイブすれば時速四〇〇マイル（六四〇キロ）で、零戦をふりきってもビクともしない。

なれれば片肺飛行も可能で、グロッソン中尉は片方のエンジンの止まった機で、ラエからスタンレー山脈を越えてモレスビーまで帰ったことが何度かあるという。

ジョンソン少佐を乗せることになるグリア大尉などは、爆弾などの荷物を積んだまま、片肺で山をこえて帰還したことがあるという。

が、これはにわかには信じがたい話である。

六月七日夜、ジョンソン少佐一行はタウンスビルのひどいあばら屋のホテルに泊まっていた。ここで三名は協議をした結果、査察の総仕上げとして、いちど日本軍への爆撃行の実戦に参加しようとの結論に達した。ジョンソン少佐一行の恐いもの知らずの申し出に、タウンスビル司令部は驚いた。もちろん大反対である。「ラエは最悪です、殺してくれというようなものですぞ」が、その答えだった。

マッカーサー司令部からは、下院議員のジョンソン少佐一行はVIP待遇するように通達されており、もし同乗させて死なせたりしたら、大変な責任問題になる。

しかし、三名の査察使の決意は固かった。このあたりが冒険好きの国民性なのか、いかにもアメリカ人らしい。（軟弱な口先だけの、どこかの国会議員とは大違いだ）

そこで、司令部も受け入れぬわけにはいかなくなった。そのかわり、次のような巧妙なゲームのようなオトリ作戦をたてた。

ラエには獰猛な零戦が二十数機いることがわかっている。その作戦は、まずB－17が二機先発して、ラエ基地に高々度から侵入して、零戦を上空におびき出す。さらにB－25五機が超低空爆撃を敢行して、残りの零戦を全部おびき出し、海上に向かって一目散に逃走する。

零戦が留守になった頃をみはからい、主役の三人の査察使が乗ったB－26十二機がラエ基地に侵入する。

リンドン・B・ジョンソン海軍少佐

戦後になって東京をおとずれたフランク・カーツ准将(左)と会談する坂井三郎氏

これも長居は無用、爆撃後はすばやく帰途につく。

さらに仕上げは、足の短いP－39戦闘機十一機が進出距離いっぱいのサラモアまで出迎えて、B－26を護衛してモレスビーに帰るという、見事な三段構えの作戦だった。

しかし、この作戦には微妙なタイミングが重要だが、はたしてうまくいくかどうか。さらに危険をさけて三名の査察使は、ひとりずつ別々のB－26に搭乗することになった。

かくて六月九日の朝をむかえた。が、はやくも作戦に齟齬《そご》が生じ、時間の経過とともにそれはますます大きくなっていった。

査察使ジョンソン少佐一行は、九日早朝、オンボロB－17に乗ってタウンスビルを出発した。しかし、航法士が新米で、一時どこを飛んでいるのか分からなくなり、予定より一時間も遅れてモレスビーの一番大きいセブンマイルズ飛行場に到着した。

モレスビーでは、第二二爆撃大隊第一九飛行中隊のB－26がイライラしながら待っていた。

余談だが、このB－17を操縦していたのが、フランク・カーツ中尉で、彼はのちに准将となり、朝鮮戦争のときに来日し東京で坂井とあって、昔話に花を咲かせたという。

三名の査察使は急いでB－26へ乗り込むが、またここでも小さな齟齬《そご》があった。

アンダーソン大佐はウオルター・クレル中尉操縦の一番機、スチブンス中佐はウイリス・ベンチ中尉が機長の二番機、ジョンソン少佐がウオルター・グリア大尉操縦の三番機であった。

実は、二番機にジョンソン少佐は搭乗する予定だったが、スチブンス中佐があたふたと先に乗ってしまったので、やむなくジョンソン少佐が入れ代わって三番機に乗り込むはめになった。

ところが、なんとこれがジョンソン少佐の一命を救うことになる。なぜなら二番機は撃墜され、スチブンス中佐以下、全員が戦死する。三番機は危機一髪ながらなんとか無事生還し、ここでもジョンソンは持ち前の強運を発揮する。

三番機のグリア大尉は二十七歳、この〝悪女〟にぞっこんで、見事のりこなした操縦の名手である。愛機の前方胴体には漫画のウサギが描かれ、〝ヘックリング・ヘア〟（叫ぶ野ウサギ）と書いてあるが、詳細な意味は不明。

B－26編隊は急いで出撃開始、スタンレー山脈越えにかかる。しかし、査察使一行が遅れたために、巧妙なオトリ作戦のタイミングは大幅に狂っていた。

B－17二機はすでに先行しており、これを追って西側のスリーマイル飛行場を発進したB－25五機編隊は、あせって急ごうとして進路を変更したために、ラエ基地到着がB－17とほとんど同時になってしまった。

B－17には零戦三機が向かい、つづいて来襲したB－25編隊に、残りの零戦（二十二機）がスクランブルしたのは、『続・大空のサムライ』に坂井が記述したとおりである。

スタンレー山脈を飛び越えた六機、六機編隊のB－26は降下速度を利用して、目標ラエ基地に進路を向け、爆撃態勢にはいった。が、その時、第二編隊一番機クレル中尉は信じられない光景を見て、愕然とした。

眼前にはウンカのごとき零戦をひきつれ、猛スピードで遁走してくるB－25の五機編隊の姿があった。予定ではB－25は海上遠く零戦をオビキだすはずだったが、それが、陸上をサラモアめがけて真っ直ぐに逃げてくる。

おもわず、クレル中尉は「トンマ奴……」あとはとても活字にできない言葉でののしった。

オトリ作戦失敗をさとったクレル中尉は、とっさに爆弾をすてて身軽になると、反転して最大スピードで遁走にうつった。

それを見た零戦隊は目標をB－25からB－26に切りかえて猛攻をくわえた。が、坂井がいうように機数が多すぎてあまり効果がなかった。ここで発進の遅れた坂井機が間に合った。

三番機グリア大尉機も遁走したが、発電機の故障で右エンジンが不調となり、編隊から脱落した。

零戦はこれに群がって攻撃するが、逆に菊池左京二飛曹が低空で引き起こしが遅れて、海上に突っ込んで自爆した。

のちに遺体を収容して検分すると、機銃弾が命中しており、尾部銃手バレン伍長の手柄だという。

そのとき、一機の零戦がクレル中尉機をかすめてス

ぶじモレスビーのセブンマイル飛行場に帰着したジョンソン海軍少佐搭乗機のクルーたち

チブンス中佐の乗る二番機に肉迫し、近接射撃をしかけた零戦があった。

これが坂井機で、二番機は一瞬のち爆発四散した。つぎに坂井が攻撃したのはデバイン中佐の四番機で、墜落寸前だったが雲中にのがれて奇跡的にたちなおり、ボコボコの姿でなんとか最後にモレスビーに帰りつき、胴体着陸をした。

編隊からはぐれた三番機〝ヘックリング・ヘア〟号は、七機の零戦に穴だらけにされたが、タフな機体のおかげで、ヨタヨタしながらもなんとかモレスビーにもっともはやく帰還した。

グリア機の乗員たちは、同乗していたジョンソン海軍少佐が、国会議員のＶＩＰだとは、帰還するまで知らなかった。しかし、アンダーソン大佐のようにオタオタせず、始終悠々たる態度だったのは、さすがに大物は違うと感服した。

が、実はジョンソンも帰還するまで何度か神に祈ったことだろう。

この勇敢な行動にたいして、ジョンソン少佐は栄誉あるシルバー・スター勲章（銀星賞）を授与されたが、帰国後ただちにルーズベルト大統領に、つぎのように報告した。

「アメリカの飛行機が、いまでも世界に冠たるものと考える者がいたら、それは愚かなことである。日本軍の戦闘機（零戦）はまったくすばらしい。われわれが枕をたかくして眠ることができるのは、まだまだ遠い将来のことだ。

アメリカの飛行士については、私はこれだけをいいたい。やれといえばやる、この点は立派だ。ただし、日本のパイロットの技術は、アメリカよりも、だんぜん優れていることを忘れてはならない」

翌七月十六日、ジョンソン海軍少佐は退役した。ルーズベルト大統領が、すべての国会議員の従軍を禁止し除隊を命じたからである。国会議員は議事堂内で働くのが本分だというものだが、ジョンソンの行動がきっかけになったのは間違いないだろう。

最後に、もう一度、六月九日の『行動調書』を確認してまとめてみよう。

〈任務　敵機追撃〉
０８４５　Ｂ－25×五機、Ｂ－17×二機来襲
０９３０　ｆｃ（零戦）×二十五機を以て迎撃中、更にＢ－26×十二機来襲せんとするを捕捉、空戦撃退、追撃中ワードフンド岬にて、Ｐ－39×十一機と遭遇、空戦
Ｂ－26爆撃機四機撃墜
菊池機自爆戦死、吉野機行方不明
ｆｃ×二十三　ラエ基地帰着
被弾四機　　　　　綜合評点　Ｂ

『編成調書』は、河合大尉、笹井中尉、栗原中尉、坂井、西沢、太田以下、山本末廣一飛兵（丙１）まで、計二十五機の稼動全機が編成などなく、早いもの勝ちで飛び上がり邀撃したようすがわかる。

Ｂ－26四機撃墜と報告したが、実際には坂井機が爆発させたベンチ中尉の一機撃墜だけであったが、着陸大破したデバイン中佐機をいれても撃墜は二機だった。撃破されたのはジョンソン少佐の搭乗したグリア機のほかにも三、四機あった。

撃墜確認が難しいので両軍ともにオーバーになるのは仕方ないが、Ｂ－26の各パイロットは、なんと総計九機の零戦を撃墜したと主張している。が、実際には菊池二飛曹機のみである。

また『AIR WAR PACIFIC』によれば、第八ＦＧ（戦闘航空群）と交代した新着の第三五ＦＧのＰ－400が午前十時（現地はプラス一時間）モレスビー上空で、五機のＡ６Ｍを撃墜したと主張している。

日本側は吉野俐飛曹長（乙５、十五機撃墜のエース）が行方不明になっているが、やはり、山を越えてモレスビー近くまで深追いしてしまったのだろうか。

吉野飛曹長機を撃墜したのは第三九戦闘飛行隊のカレン・Ｊ・ジョーンズ中尉だという。ジョーンズ中尉はのちＰ－38で撃墜四機を加えてエースとなっている。（それまでは豪州空軍第七五飛行隊のＰ－40も撃墜を主張していた）

吉野飛曹長機を撃墜したジョーンズ中尉

アメリカ合衆国歴代大統領の実戦経験

また余談になるが、アメリカの歴代大統領が凄いと思うことは、実戦に参加し、鉄火の洗礼をうけた大統領が多いことである。

ジョンソン大統領のほかにも、「野獣（日本）は、野獣として取り扱え」と語り、日本への原爆投下を命じた第三十三代大統領ハリー・S・トルーマンも、第一次大戦では砲兵中尉として西部戦線に従軍した。

つぎの第三十四代ドワイト・D・アイゼンハワーはノルマンディ上陸作戦を指揮した連合軍最高司令官で、アメリカ最大の戦争英雄であり、陸軍元帥まで昇りつめた根っからの職業軍人である。

さらに今も国民的人気がある、第三十五代ジョン・F・ケネディは米海軍魚雷艇PT－109（乗員十二名）艇長、二十七歳の海軍中尉としてソロモン諸島海域で日本海軍と戦った。

一九四三年八月二日の深夜、日本海軍駆逐艦「天霧」（特型、常備排水量一九八〇トン）と戦い撃沈された武勲話がある。が、事実は暗夜の不意の衝突で、「天霧」の鋭い艦首でベニヤ製の魚雷艇が真二つにされたのが真相だ。クリフ・ロバートソン主演の『魚雷艇109』という映画（一九六三年）にもなったから、ご存知の方も多いだろう。

つぎがリンドン・B・ジョンソン。その次が第三十七代リチャード・M・ニクソンだが、彼も大戦中は海軍に志願し、南太平洋で空輸部隊に従事し、戦後、海軍少佐で除隊している。

第三十八代、ジェラルド・R・フォードも大戦中、空母に勤務、一九四六年海軍少佐で退役しており、ついで第三十九代ジミー・カーターは四六年、アナポリ

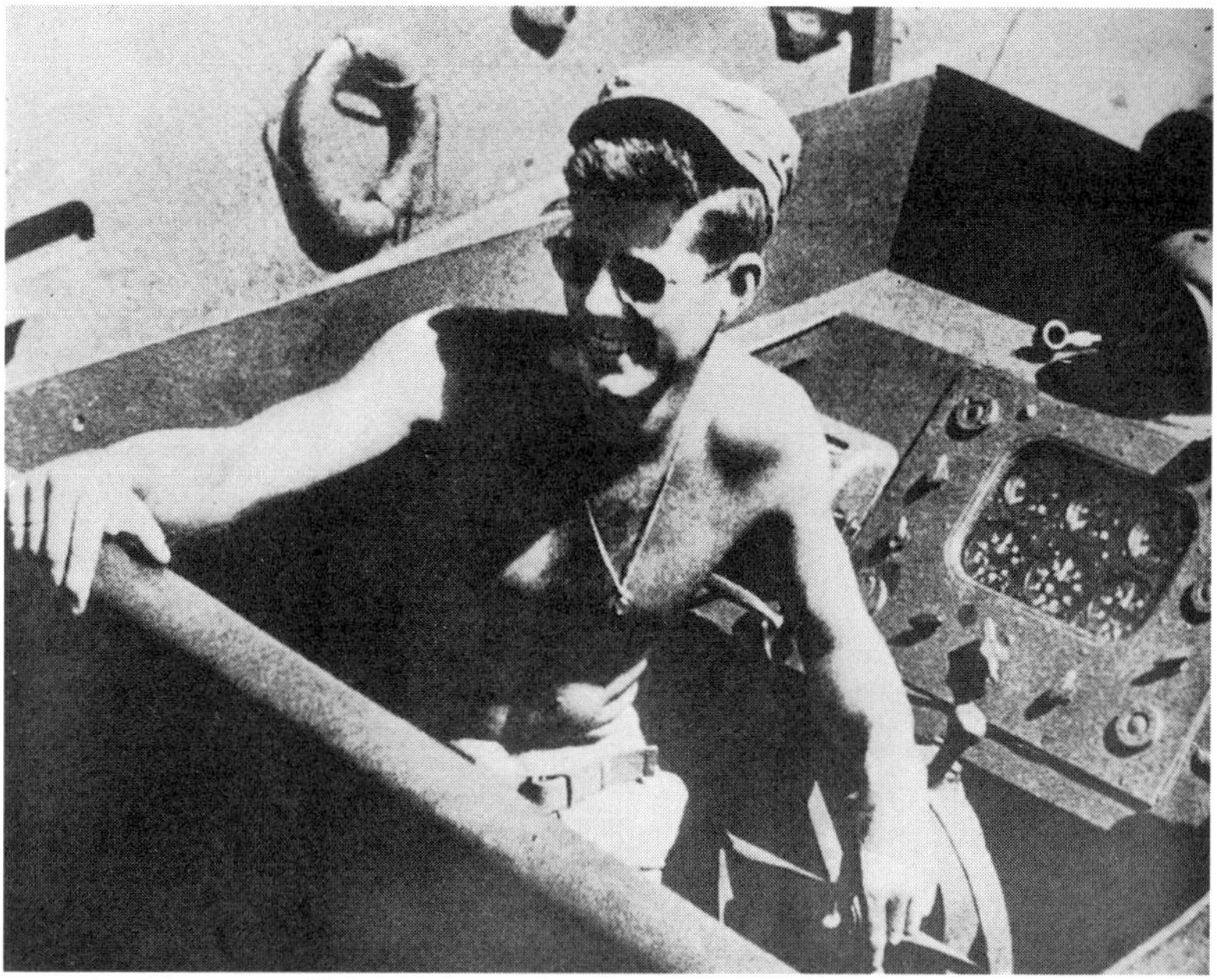

魚雷艇 PT－109 に搭乗中のジョン・F・ケネディ中尉。駆逐艦「天霧」と衝突、沈没する

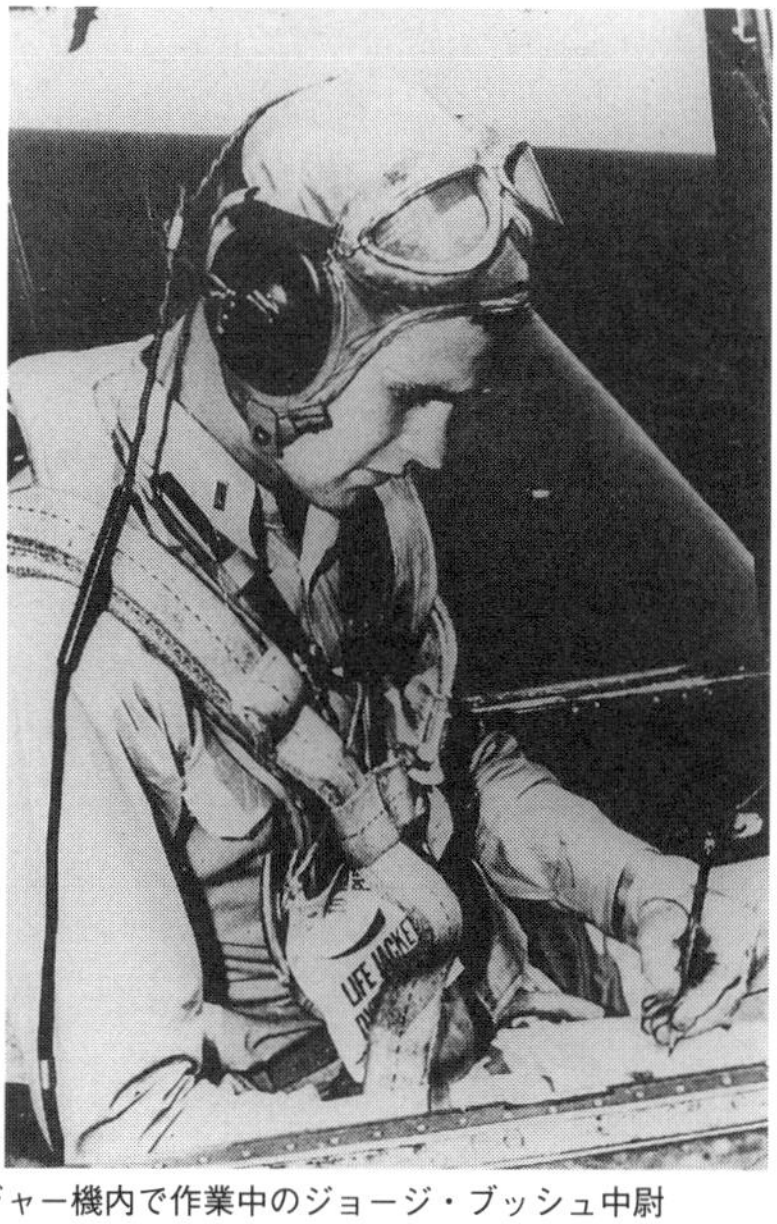

ロナルド・レーガン少尉(左)と TBF アベンジャー機内で作業中のジョージ・ブッシュ中尉

スの海軍兵学校卒業である。海軍大将になるのが夢だったが、五三年、父親が死亡し、その農場を引きつぐために、やむなく大尉で退役したという。

第四十代ロナルド・W・レーガンも大戦中の一九四二年、陸軍少尉として入隊したが、実戦経験はなく、軍事訓練用、宣伝用の映画製作を担当した。

二十年ほど前、池袋のミリタリー洋書店で買った実写ビデオのなかの『TARGET TOKYO』（B－29の中島航空機工場爆撃）のナレーションがレーガンだった。戦争映画の『戦場を駆ける男』（一九四三年）にも出演している。

実戦経験で特筆されるのは、つぎの第四十一代のジョージ・H・W・ブッシュだろう。

一九四二年六月、十八歳で海軍入隊。翌四三年、少尉でグラマンTBFアベンジャー艦上攻撃機のパイロットになった。太平洋戦争で五十八回の出撃任務についたが、一度撃墜されている。

一九四四年九月二日、軽空母「サン・ジャシント」を飛び立った第五一雷撃中隊のパパ・ブッシュ少尉のアベンジャーは、小笠原諸島爆撃に向かった。

父島を爆撃終了後の午前八時十五分、日本の高射砲が命中、操縦困難になりブッシュはパラシュートで脱出、漂流中を潜水艦フインバックに救助されてからくも一命をとりとめた。三名の乗員のうち他の二名のパイロットは戦死した。

ついでだから、少しだけふれておくと、小笠原諸島には終戦までに米軍のパイロット十名が落下傘降下して捕虜になった。このうち内地に送られた二名を除く八名が現地で処刑された。

ただ処刑しただけでなく、その人肉を司令官（立花陸軍少将、森海軍少将）をふくめ幹部十数人が酒の肴にしたという。これはあまり世に知られていないが、いまわしい「父島人肉事件」である。もちろん、戦後グアムで開かれた軍事裁判で首謀者五名は絞首刑になった。

パパ・ブッシュも潜水艦に救助されたからよかったが、一歩まちがえば、まことにあやうかったのだ。やはり、大統領に昇りつめた男はいずれも強運の持ち主のようである。

ブッシュが救助された模様は、潜水艦側が撮影した不鮮明だが貴重な記録フィルムに残っており、若き日のヒョロリとしたブッシュの姿を見ることができる。ブッシュはその後も軍務についたが、終戦後、中尉で除隊した。ブッシュは自伝で「二度と小笠原にはいきたくない」と語っている。

第四十二代がビル・クリントン、第四十三代がジョージ・ブッシュJr、どちらもベトナム戦争当時、前者はハト派で徴兵拒否疑惑、後者はテキサス州兵組織にはいって従軍をまぬがれている。時代が変わったということだろう。

またゲームの話になって恐縮だが、Combat Flight Simulator 2は大型爆撃機邀撃戦闘も体験できる。B-26は選択できないので、かわりにB-25を相手にしてみるが、これが意外に難しいことがわかった。

零戦二一型でB-25編隊を攻撃するのだが、まず、B-25のスピードが早く(B-26はもっと早い)、なかなか追いつけないのである。前方攻撃がいいのはわかっているが、まず一回しかチャンスはないのだ。これも敵機の高度が高かったらお手上げである。

占位にもたもたしていると、たちまち防御砲火を食らう。後上方からの基本的な追尾攻撃では、これも簡単に返り討ちにあう。

ここでも長射程のブローニング・キャリバー五〇(十三ミリ)機銃は威力を発揮する。敵機の腕前がルーキーならいいが、ベテランエース級になると撃墜困難だ。ではどうするか。

真剣に日夜研究した結果、敵爆撃機編隊の鴨小隊鴨番機(最後尾)を狙い、いったんダイブしてスピードをつけ、もっとも防御砲火の少ない左右の後下方から一気に肉迫、主翼取付け付近に必殺の一連射をくわえ、敵機に致命傷をあたえ衝突寸前にかわして上部に避退する。この必殺捨身の攻撃がもっとも効果的だった。

ついで、四発爆撃機B-24の邀撃もやってみたが、こちらはさらに死角がなくもっと困難だった。いろいろやってみたが、こちらも無傷ではすまない。差し違える覚悟で下方から肉迫するしかない。

いちばん効果的だったのは、局地戦闘機「紫電改」だった。一気に同様に肉迫、二十ミリ四門をぶち込むと、さすがのB-24も爆発四散する。これだからゲームはおもしろいのだが、いずれにしても対爆撃機戦闘は意外に困難で、対戦闘機戦闘以上に疲れることがわかった。

のちに、ボーイングB－29「超空の要塞」に対し、本土防衛のために敢然と戦った陸海軍戦闘機隊、とくに必殺の体当たりを敢行した陸軍「震天制空隊」には、あらためて敬意を表したいとつくづく思うのである。

(9)山岳上の奇妙な空戦

——P－39はラエ空襲が可能か

つぎは、六月二十四日の出来事という「山岳上の奇妙な空戦」を検証してみよう。

「六月二十四日、私たちは『ポートモレスビー所在の敵戦闘機を撃滅せよ』との命令をうけた。幾たびとなく繰り返された空襲にもかかわらず、モレスビーの敵飛行場には、またしても大機数の戦闘機が集結していることが偵察の結果判明したからである。

私たち笹井中尉を長とする零戦十二機は、おりからの快晴にめぐまれて、午前十時、ラエ基地を飛び立った。

いつもラエからモレスビーに直行して進入するのだが、この日は、敵を欺くために、通いなれたコースを捨てた。

私たちは進路を南に向けて飛んだ。高度五千メートル、時間にして二十五、六分飛んだ地点で左に変針し、ここでスタンレー山脈の尾根づたいに進撃した。

そしてわが編隊が、その最高分水嶺の真上にさしかかったとき、ふと、前方やや右の上空を見上げると、蒼い空に翼をキラキラ輝かしている異様な隊形の一群の編隊が目にはいった。

高度は味方より五、六百メートル高く、距離は一万メートルはなれていると目測された。もちろん敵である。（中略）

近づくにつれてその形が次第にはっきりしてきた。なるほど異様な編隊だ。六機のB－17が、間隔を二百メートルくらいにひらいて単縦陣をなし、しかもその一機一機のB－17の右側に二機、左側に二機、計四機の戦闘機がぶら下がっている。新発明の奇妙きてれつ

ソロモン上空をゆくボーイングB－17フライングフォートレス爆撃機

な編隊の組み方である」

この日、モレスビー攻撃の命をうけた笹井中隊十二機の零戦は、午前十時、ラエ基地を発進した。途中、山岳上で敵編隊と遭遇した。空の要塞B－17六機の編隊だが、その両側にはそれぞれ各二機の戦闘機をぶら下げているという、まったく奇妙な編隊だった。

下から一気に突き上げた笹井中隊の果敢な攻撃に、たちまち敵編隊は乱れた。護衛戦闘機は、自分の守るべきB－17をすてて、いっせいに逃げ散った。

丸裸になったB－17は、あわれ全機零戦の餌食——とはならなかった。戦闘機搭乗員の本能で零戦隊は爆撃機をすてて、敵戦闘機に襲いかかったからだ。

敵戦闘機は得意のダイブで遁走しようとした。が、いつもとは勝手がちがった。ちょうどスタンレー山脈上なので、千メートル程度しかダイブできない。小回りのきく零戦隊はこれをスリ鉢の底へと追い込むように、谷間を追いつめていった。

坂井の追尾した敵機は逃げまどった末に、操縦をあやまって断崖絶壁の岩角に激突した。坂井は一弾も発射しておらず、まったくの無手勝流で一機撃墜の戦果をあげたが、このほかにも山脈に激突したのを二機認めたという。

結局、零戦隊は全機が無事で、敵七、八機撃墜の大勝利だった。勝ち誇った気持ちで、意気揚々とすぐ目の下のラエ基地に高度をさげていく。

これが六月における最後の空戦だった。翌々日には、物凄い豪雨がニューギニア地域を襲った。

以上が「山岳上の奇妙な空戦」の概要だが、この話にもまたかずかずの疑問が残る。

雲海にうかぶオーエンスタンレー山脈上空をゆく台南空の零戦

P－39はラエ空襲が可能なのか

「山岳上の奇妙な空戦」をよく読むと、〝護衛戦闘機〟とかいてあるが、P－39ともP－40とも限定されてない。坂井にしては珍しく微妙な書き方なのが気にかかる。

しかし、はっきりいって、この時期の主役は第八戦闘航空群のP－39である。P－40装備の第七五戦闘飛行隊がふたたびニューギニアの戦場に戻ってくるのは八月のことになる。

したがって、この日の戦闘機はP－39ということになるが、B－17を護衛してラエ基地空襲にやってきたという話は、かなり無理があるようだ。

敵編隊はラエ空襲が目的だというが、後続距離の短いP－39（一二八〇キロ）はモレスビー～ラエ間を往復できない。したがって、これまでもラエ基地に来襲したことはほとんどない。

アメリカ側もこれは承知で、四月三十日、初めての出撃では、無理をしてサラモア付近まで進出したが三機撃墜され、かつ燃料ぎれ寸前で帰還した。以後、余

P40－ウォーホーク（上）とベルP－39エアラコブラ戦闘機

裕のある進出距離はワードフンド岬までとし、これより先の進出は禁止していた。

もし進出が可能であれば、去る六月九日、ＶＩＰジョンソン下院議員のラエ爆撃行にも、当然、護衛してきたはずである。

この日、ワードフンド岬まで迎えにきたＰ－39の待ち伏せにあい、吉野飛曹長が食われた話はすでにのべた通りである。

一方、Ｐ－40ならば、カタログ上の航続距離一五一三キロとＰ－39よりやや長く、ラエ攻撃はなんとか可能だ。去る四月十一日に九機、十三日に六機のＰ－40が爆撃機を護衛してラエ空襲にきたが、この二回のみだ。そのときはそれぞれ二機と四機のＰ－40を失っている。

さらに付言すれば、Ｂ－17一機の左右にそれぞれ二機の戦闘機がブラ下がって護衛するなど、坂井いわく、奇妙きてれつな編隊が存在するのか。

初めて『空戦記録』を読んだときも思わず笑ってしまったが、大統領護衛のボディガードならともかく、こんなに密着していては、編隊をくむのがせい一杯、とても咄嗟《とっさ》の攻撃には対処できないだろう。

六月二十四日の空戦はあったのか

足の短いＰ－39がラエ基地空襲にはきていないことがわかったが、それではつぎに六月二十四日のモレスビー攻撃のミッションは本当にあったのか、まずは『行動調書』をチェックしてみよう。

しかし、この日モレスビー攻撃のような派手な作戦行動はなかった。恒例のラエ基地上空の哨戒のみ早朝六時から一直、二直、三直と各零戦三機で実施されている。

よくみると、九時から十時半の三直は西沢広義一飛曹、中本正二飛曹、中野鈔三飛曹のペアとなっている。三羽烏の西沢を欠いては、笹井中隊の殴り込みは成立しないだろう。

明くる二十五日は前述したように、親分中島少佐率いる零戦二十一機のモレスビー殴り込みと編隊宙返り（？）をした日である。

『行動調書』や「第五空襲部隊空戦経過表」（戦史叢書『南東方面海軍作戦』Ｉ）によると、六月十九日から二十五日まで天候不良もあったが、まったくモレスビー攻撃は実施されていない。

もちろんアメリカ側の資料にも、何も記載はされていない。

やはり、この「山岳上の奇妙な空戦」の話もこの日の出来事ではなく、過去に見聞した出来事を、やや誇張して述べた読者サービスだと考えられる。

なお、二十四日には豪州北東岸のクックタウンとケアンズの写真偵察が実施されている。使用機は朝日新聞社「神風」号を改良した九八式陸上偵察機。「神風」号は昭和十二年四月、東京～ロンドン間を九十四時間十七分五十六秒（飛行時間五十一時間十九分二十三秒）で快翔し、国際記録を樹立した。

九八陸偵Ⅱ型は復座、固定脚、最高速度四八七キロ／時、前方視界も悪く、この当時すでに旧式機だったがほかに適当な機体がなく、陸海軍ともに開戦時より多用した。

七月には二式複座戦闘機を転用した二式陸上偵察機（のちの夜間戦闘機「月光」）にその座をゆずることになる。

この日、ラエ基地を早朝発進した第一偵察機は、操縦＝上別府義則二飛曹、偵察＝木塚重命中尉で豪州北東岸のケアンズへ、第二偵察機が操縦＝工藤重敏二飛曹、偵察は長谷川亀市飛曹長で同じくクックタウンの写真偵察をおこない、約七時間の飛行ののち二機とも無事ラエ基地に帰還した。

できれば重要補給基地のタウンスビルまで行きたかったのだろうが、航続距離一一〇〇キロ（増槽ナシ）ではケアンズまでが勢いっぱいのところだった。

九八陸偵は「神風偵察機」ともよばれていたらしく、『大空のサムライ』で坂井はそのように記している。

なお、工藤重敏二飛曹（操53）は技倆優秀で、翌年五月、二五一空（台南空改称）司令小園《こぞの》安名中佐発案の二十ミリ斜め銃を搭載した二式陸偵で、ラバウルに夜間来襲したB－17をつぎつぎに撃墜、勇名をとどろかせた。（最終撃墜数十一機）

この戦功にたいし、南東方面艦隊司令長官草鹿《くさか》任一中将より「武功抜群」と墨書された白鞘の日本刀一振りが授与された。

これを見ていた西沢広義上飛曹（進級）が「俺は何

二式陸偵。のち小園安名中佐の発案による20ミリ斜め銃を搭載、夜間戦闘機「月光」として活躍した

B－17撃墜の「武功抜群」により白鞘の日本刀を贈られた工藤重敏二飛曹(右)と小園安名中佐

機墜としたらもらえるのかのう」とボヤイタのは有名な話だ。

それと、もうひとつ気になるのだが、工藤二飛曹（二等飛行兵曹）は操練五十三期で、台南空にも同期生が数名いた。本吉義雄、藤林春男、島川正明（四月、六空へ）らだが、昭和十七年夏の時点で彼らはいずれも一飛兵（一等飛行兵）である。

工藤二飛曹だけがすでに二階級進級して、下士官なのはなぜだったのだろうか。（最終階級は工藤が少尉、島川は兵曹長）

六月二十八日には工藤二飛曹の操縦する九八陸偵を護衛して、小隊長坂井一飛曹、二番機羽藤一志三飛曹、三番機熊谷賢一二飛曹の三機の零戦が、ブナからココダにいたる道路偵察をおこない、敵影を認めず無事帰還している。

この偵察行はまもなく開始される、ブナ～ココダ～モレスビー陸路攻略の無謀な作戦の準備だったと思われる。

いずれにしても「山岳上の奇妙な空戦」の話は、坂井自身のいうように〝奇妙きてれつな空戦〟ということで、過去の幾多の空戦のエッセンスと、坂井の読者へのサービス精神とエンターテナーぶりが遺憾なく発揮された一編だったといえる。

(10)散りゆきし空戦の鬼
——宮崎儀太郎飛曹長の最期

坂井と無二の親友だった宮崎儀太郎飛曹長は、大正六年、高知県に生まれた。坂井より一歳下だが、戦闘機乗りになったのは半年ほど早かった。

昭和八年、乙種四期予科練に入隊、十二年五月、飛練課程を終了した。戦闘機乗りの訓練の場、佐伯、大村航空隊時代、つづいて高雄航空隊とつねに坂井と同じ釜（隊）の飯をくった仲だった。

支那事変では仲よく十二空に転属、中国大陸を転戦し、初撃墜も同時にはたした話はすでに述べた。その後も形と影が寄り添うように行動をともにし、台南空でも共に小隊長として、戦力の中核として撃墜を競ってきた。

長身痩躯ながら柔道は二段、腕相撲は台南空随一の強者だった。

おっとりした性格だが、内面には烈々とした負けじ魂を秘め、典型的な土佐の〝いごっそう〟だったが、ユーモラスな一面をもっており、誰からも親しまれ、上下の人望も厚かった。

台湾の高雄空時代、坂井と宮崎は基地近くの岡山小学校の校長、蝶野家に下宿していた。蝶野夫妻にたいへん可愛がられた二人だったが、愛娘の和子さんに見込まれた宮崎は、急に縁談がまとまり、太平洋戦争直前に結婚した。

坂井(右)と無二の親友であった宮崎儀太郎飛曹長

そして宮崎の忘れがたみの尚子ちゃんをもうけるが、容姿は亡き宮崎に瓜ふたつであるという。(坂井と宮崎は親友、かつ恋がたきでもあったのだろうか)

その宮崎飛曹長は六月一日のモレスビー攻撃で、ついに坂井の眼前で散華した。宮崎はこの数日前から熱帯性の激しい下痢に悩まされ、青い顔をして、ほとんど骨と皮の状態だった。

見かねた坂井が「出撃を休んだらどうか」と再三忠告したが、負けじ魂と責任感の強い彼は聞き入れなかったという。

この日の出撃は、元山空九六陸攻十八機によるモレスビー爆撃行を、台南空の零戦二十四機による掩護である。

モレスビーの上空には敵戦闘機が数機、姿をあらわした。が、零戦が攻撃しようとすると、たちまち反転して逃げ出した。

激しい高射砲の弾幕をついて陸攻隊は爆撃、波止場の周辺に全弾が命中、徐々に左旋回で帰途についた。

陸攻隊の前上方を護衛していた零戦六機のうち三機が、陸攻隊の真下五百メートルくらいについている。

坂井は変なところにいるなと、小隊長の胴体マーク（斜め線一本）を確認すると、それが宮崎編隊だった。

そのときだった――。

太陽を背にした高空からP－40がただ一機、機銃を連射しながら垂直降下で降ってきた。アッと思うまもなく陸攻編隊の間をスポンと抜けて、ちょうどその真下にいた宮崎機に猛射をあびせた。

一撃をあびた宮崎機は、ライターを擦ったときのようにパッと火がついた。たちまち火炎が機体全部をつつみ、数秒後、大爆発をおこして空中に四散した。

黄色くひかる火焔がバラバラになって、輝きつつ墜ちていく。坂井が時計をみると、十時四十二分だったという。

『大空のサムライ』による宮崎機最後のようすをまとめてみると、以上のようである。

それでは、まず『行動調書』をチェックしてみよう。

六月一日　「任務：モレスビー攻撃」

〈制空隊〉

第一中隊

第一小隊
1山下政雄大尉　P39一不確実
2西沢広義一飛曹　P39一撃墜
3本吉義雄一飛兵
450

第二小隊
1宮崎儀太郎飛曹長　自爆
2新井正美三飛曹　P39一不確実
3国分武一三飛曹
200

第二中隊

第一小隊
1笹井醇一中尉
2米川正吉二飛曹
3遠藤桝秋三飛曹
P39五撃墜（内一不）
1800

第二小隊
1坂井三郎一飛曹
2宮　運一二飛曹
3日高武一郎一飛兵
空戦効果無
150

〈直掩隊〉

第三中隊

第一小隊	1河合四郎大尉		150
	2吉田素綱一飛曹	引返す	
	3吉村啓作一飛兵	引返す	
第二小隊	1栗原克美中尉		450
	2鈴木松巳三飛曹	引返す	
	3二宮喜八一飛兵	P39一撃墜	

第四中隊

第一小隊	1山下丈二大尉	空戦効果無
	2菊池左京二飛曹	
	3岡野　博三飛曹	
第二小隊	1山下佐平飛曹長	効果無
	2小林克己一飛曹	
	3大西要四三三飛曹	

0730	ラバウル基地零戦十二機発進　三機引返す
0900	ラエ基地零戦十二機発進
0945	零戦隊、元山空ワードフンド岬にて合同
1040	モレスビー突入、空中に敵戦闘機十数機を認め空戦開始一部キド上空にて敵P－39戦闘機五機と空戦
1110	戦場離脱
1200	零戦二十機ラエ基地帰着撃墜P－39十機（内不確実三機）自爆戦死一名、被弾大破一、被弾一
	綜合評点　A

ラバウル発進の零戦十二機、指揮官山下政雄大尉、途中で引き返したのが吉田、吉村、鈴木機。元山空の陸攻十八機とラエ基地発進の零戦十二機が、ワードフンド岬で会合。通いなれたモレスビー街道を高度を上

ラバウル湾を眼下に編隊を組んで敵基地攻撃に向かう一式陸攻隊

げつつオーエンスタンレー山脈を越える。

　モレスビー上空で邀撃してきたＰ－39十数機と空戦をまじえた。西沢、二宮、山下佐平機が各一機、笹井小隊は五機協同（一機不確実）、山下政雄大尉、新井機が各一機の不確実撃墜、計十機（うち不確実三機）を報告した。

　損害は自爆戦死：宮崎飛曹長、被弾着陸時大破：新井三飛曹、他に被弾が遠藤、山下佐平機だった。

　坂井もこの頃、体調不良によるスランプで、この日も（翌三日も）まったく撃墜はできなかった。坂井自身も記憶がなかったのか、敵はすぐ逃げ散って空戦はなかったといっている。

　また、この日、坂井小隊のペアは愛弟子の米川、遠藤機ではなく、宮、日高機がつとめている。やはり、固定のペアは存在しないのだ。

　キド上空で高空から宮崎機を撃墜した敵機はＰ－40ではなくＰ－39であり、坂井はただ一機が陸攻編隊に降ってきたというが、そうではなく、『行動調書』では五機だが、実はもっと多数機の攻撃をうけた。

　この日は零戦の数が多いせいもあり、敵機は対爆撃機戦闘に主力をおいたようだ。これは米側の資料からも確認できる。

それでは『The 8th Fighter Group in WWⅡ』をチェックしてみよう。

この日、第三五、三六戦闘飛行隊のP－39とP－400は、警報により全兵力の三十機が張りきって迎撃に上がった。それというのも、四月末からの苦戦を強いられたコンバット・ツアーが終わり、二日後にはタウンスビルに後退して休養できるからだ。

はじめに零戦と空戦に入ったのは第三五戦闘飛行隊のほうで、立ち向かったが、たちまち優勢な零戦に追いまくられて、零戦を一機も撃墜できずに、W・フォスフォード中尉とG・プランケット中尉が撃墜された。が、P－39の装甲車のごとき頑丈な機体のおかげで、二人とも命は無事だった。

プランケット中尉は、空戦がはじまるや、すぐさま三機の巧妙な零戦に尾部を食いつかれた。高度一万五千フィートから得意のダイブで、なんとか振り切ろうとしたが失敗し、ズタズタにされた。

被弾した機体をすててパラシュートで脱出したが、高い木にひっかかり、苦労の末、なんとか三日後に無事基地に帰還したという。プランケット中尉をしつこく追いかけて撃墜したのは、笹井中尉の小隊だったと考えられる。

つぎに護衛の零戦が手薄になったすきをついて、キド飛行場上空で、陸攻隊を襲ったのは第三六戦闘飛行隊だった。

こちらは零戦にケンカは売らず、はじめから爆撃機を目標とした。爆撃をうけたモレスビー港からは黒煙があがり、ドックを中心にかなりの被害がでた。このまま無傷で帰してはヤンキー魂の名折れである。

ビル・ベネット大尉を先頭にP－39編隊はつぎつぎと、上空からダイブし矢のように陸攻隊に襲いかかった。ベネット大尉の狙ったベティ・ボンバー（一式陸攻。実はネル・ボンバー NELL：九六陸攻）は確実に火炎をあげて墜ちていった。

さらに突っ込んで、三機のゼロフォーメーションの一機に命中弾を与えた。（これが不運な宮崎飛曹長機だった）セブンマイル上空、一一五〇と報告したが、零戦

二葉とも中国戦線漢口基地における第十二航空隊時代の宮崎儀太郎三空曹

の撃墜は確認していない。

つづいて突っ込んだ、M・S・エルス中尉、J・J・ベブロック中尉、C・E・テイラー中尉が各一機のベティを撃墜。さらにC・ファレッタ中尉が二機撃墜を報告し、なんと、計五機の陸攻を撃墜したとクレーム（主張）している。

第三六戦闘飛行隊の損害は一機、トーマス・ルーニー中尉が陸攻を攻撃後、護衛の零戦に撃墜された。

坂井もいうように、被弾機は数機あったが元山空の陸攻隊は全機が無事にラバウルに帰還している。アメリカ側の撃墜報告は相変わらずプラス思考の水増しだが、台南空の戦果報告も三倍にふくらんでいることがわかる。

やはり、撃墜確認は難しいのである。

ベネット大尉が宮崎飛曹長を撃墜したことは、戦後、『大空のサムライ』英訳版が世にでるまでわからなかった。彼の列機も確認していなかったのだ。

しかし、大尉のほかに第三六戦闘飛行隊のパイロットで、零戦に有効打をあたえた者が誰もいなかったので、最近になって、やっと、十三機撃墜の日本海軍の大エースを撃墜したのは、W・G（ビル）ベネット大尉の手柄と認められた。それまでは豪州空軍第七五飛行隊のP－40のエース、ビル・ジャクソン大尉が宮崎機撃墜者として名乗り出ていた。

ベネット大尉は五月三日にも、モレスビー上空でベティを一機不確実撃墜したというが、これは着陸時に大破炎上した四空の佐々木孝文少尉機かもしれない。

さらに九日にも零戦一機撃墜をクレームしているが、この日、台南空の零戦隊は全機帰還しているので、これも幻の戦果だ。ベネット大尉はその後本国にもどったようで、この日の戦果をいれても、三機どまりで結局エースにはなれなかった。

『大空のサムライ』によれば、宮崎飛曹長機は爆発四散したというが、P－39の大口径三十七ミリ砲が運悪く、燃料タンクにでも命中したのだろうか。宮崎は戦死後、全軍に布告され、二階級特進して中尉になっている。

第三五、三六戦闘飛行隊はツアーを終了して、二日後、豪州タウンスビルに後退して休養する。ふたたび戦場に戻ってくるのは、七月末のニューギニア東部ブナ戦線である。

あらためて、彼らの約五十日間、坂井が「東洋一の戦闘機隊」と豪語した、精強な台南空戦闘機隊を相手の敢闘ぶりは、まったく賞賛に値する。

第八追撃航空群（五月に改編、戦闘航空群になる）は三月六日、ブリスベンでまず司令部を編成し、本国からのP－39の到着をまって、四月下旬にモレスビー防衛のため、最初に実戦に投入された部隊である。

幹部以外のパイロットは飛行学校出たての新米ばかりだった。飛行時間も二百から三百時間、P－39の慣熟飛行も数十時間という信じられないようなパイロットもいた。

しかし、かれらは操縦しにくいP－39を乗りこなし、強敵に立ち向かった。四月三十日、零戦三機を撃墜したという指揮官、ボイド・ワグナー中佐は「運動性はP－40がやや上だが、総合的にはP－39のほうが一〇パーセントほど優れていた」といっている。

これも信じられない話だが、P－39の操縦マニュアルにスピン（背面飛行？）は禁止とある。それに関して第三九戦闘飛行隊のエース、チャールス・キングも、

「わたしは巷間《こうかん》いわれているように、〝宙返り〟はできないと確信している。宙返りの試みはことごとく不成功におわった。本機は背面になるとすぐ失速し、裏返しになったまま水平錐り揉み状態におちいる」といっている。

冗談ではない、実際にモノスゴイ戦闘機があったものだ。しかも、当初の予定の過給器がついていないので、高度三千メートル以上ではさらに鈍重になるという。

これでは、エース坂井や、どんな空戦名人が乗っても、奥義〝ひねりこみ〟はもちろん、インメルマンターンなど高等飛行はもちろん、格闘戦などしたくてもできっこないのである。

またゲームの話で恐縮だが、『Combat Flight Simulator 2』でP－39との空中戦を追体験してみた。こちらは零戦二一型三機、相手はP－39のエース編隊八機、場所はもちろんモレスビー上空高度二千メートル。

どこから現われるかわからない。きた、後上方だ。V字型の八機編隊が出現する。距離千メートル以上あるのに、はやくも敵指揮官機から発砲の閃光、三十七ミリ砲だ。これをくらってはたまらない。すぐ左に急旋回ブレークする。

敵P－39はとみると、一撃おわってそのままビューとダイブして、はるかかなたに小さい。後を追いかけても、とても間にあわない。高度を回復しつつ様子をうかがっていると、敵機もバラバラになって高度を上げている。

今度は前上方からまた一機せまってくる。発砲の閃光、ヘッドオン攻撃はさけて、チョイ右に機首をふり敵がビュッとすれ違う瞬間、「今だ！」少し早めに急旋回して追尾する。オリーブドラブのP－39は本当に〝カツオ節〟だが、思ったよりスマートにみえる。

P－39はすでに六百メートル先だが、今度は高度が低い。敵がやや引き起こしたので一気に距離をつめる。

零戦も急降下しているので速度五百キロ近くになり、スティックが重い。距離二百、少し遠いが二十ミリ、七・七ミリをドドッと一連射、当たらない。

敵機が右上昇にうつったので一気に距離をつめる。

距離百メートル、敵一機分、前方にまた一連射、今度は命中。敵機は黒煙につつまれて落下する。裏返しの機体からパラシュートが開いたので、ゲームとはいえなぜかホットする。

　また曳光弾が機体をかすめる。別のP－39が忍び寄って距離六百からすでに撃っている。左下にスティックをふって射弾をかわす。

　坂井が笹井中尉に射撃のコツを説明したように、すなわち、水道のホースの水をあびせるように、一瞬、機体を固定して遠ざかる敵機に背後から射弾をおくる。長めの連射、命中、敵機はグラグラッとゆれ墜ちていく。

　次はどこからくるか、ゆっくり左上昇旋回で高度を回復しながら敵機をさがす。列機二番より「ヤッタ、命中した！」とP－39一機撃墜を報じる歓喜の声がひびく。が、二番機は被弾した模様。ただちに列機に「集合、編隊を組め」と指示する。

　と、まずこんな具合なのだが、旋回性能の極端に悪いP－39との空戦は淡白でアッサリしており、ビュッときてビュッと飛び去るので、F4F相手のようなドッグファイトには絶対にならないのだ。

『大空のサムライ』では、P－39に向かっていくと、敵は戦意なくたちまちバラバラに逃げ散ってしまう。逃げ遅れた二、三の運の悪い奴が、台南空の手のはやいベテランにつかまって墜とされる。というような話がたびたび出てくるが、実は奇襲が失敗した場合は、ただちに避退し、高度を回復し態勢をたてなおすのが彼らの空戦方法で、戦意なく逃げ去ったわけではない。

　他書によれば、たとえば「(台南空の) 戦果の大多数はP－39を主とする米豪空軍の戦闘機であったが、零戦が得意とする旋回戦闘に巻きこまれ、わが方の一方的勝利に終わる場合が多かった」(『日本海軍戦闘機隊』) といった記述になるが、事実は先ほどのべたように、格闘戦はしたくてもできない機体なのである。

　しかし、格闘戦を得意としたのは、日本陸海軍と大戦初期の英国空軍だけで、米独ソ空軍はじめ諸外国はすべてヒット&ラン、一撃離脱戦法である。

　P－39などは宙返りもできず、旋回半径なども、おそらく零戦の三倍もあるような戦闘機だが、それでも

制式採用になっており、戦闘方法、戦術の違いという
よりも、これは伝統的な文化の違いになるのだろう。

パイロットの養成においても、高等飛行の戦技に長時間をさく日本よりも、マニュアル通りの基本飛行が可能であれば、短時間で大量の速成教育が可能となり、半年の訓練で実戦配備が可能になるわけだ。

このきわめて合理的なマニュアル訓練方式は、戦前のフォード自動車工場がはじめたものだが、現在もアメリカ陸海軍の新兵訓練から、ハンバーガー店の新人アルバイト教育にもいかされており、実によくできていると感心させられる。

そのかわり、未熟なパイロットの生命を守るためには、重武装、頑丈な機体、操縦席やタンクの防弾設備などには金をかける。

このコンセプトはアメリカ戦闘機にはすべて共通しており、P－40、P－38、P－47と続いている。


ゲームで試したが、特にP－38は鈍重で急旋回すると失速し、これで戦えといわれたら筆者はことわりたい。ついでにいうと、F4F、F6F、F4Uにも乗って零戦と空戦してみた。

旋回性能がかなりいいのはF4Fワイルドキャットで、これならかなりの格闘戦が可能だ。すこし慣れれば、零戦エースとも十分に戦える。

しかもブローニング十三ミリ機銃六梃の威力はものすごく絶大で、ジョウロで水をまくように、遠くから見込み角射撃するだけで、脆弱な零戦はたちまち火ダルマになり、ゲームとはいえ嫌な気分にさせられる。

（土方中尉は沖縄戦でF6Fに追われたが、振り返ると薬莢がスダレのように墜ちており、恐怖とともに、うらやましく感じたという）

ビヤ樽に羽根が生えたような不細工な格好だが、意外に運動性はよく、戦意旺盛な海兵隊パイロットにより、ガダルカナル戦で零戦が苦杯を喫したのも十分うなずける。これなら筆者が乗ってもすぐエースになれそうだ。

ついでにいうと、兄貴分のF6Fヘルキャットは鈍重で、運動性はF4Fよりかなりおちるが、すこぶる頑丈だ。F4Uコルセアはさらに鈍重で、急旋回すると失速し、機体が不安定だがスピードは出る。やはり

一撃離脱専門だ。パイロットからは「どうしょうもない、でくの棒」などといわれていたのもわかる。

しかし、アメリカ戦闘機のなかでもっとも撃墜しにくいのは、大方の予想のとおりＦ６Ｆだと思ったが、意外にもＦ４Ｕだった。

グラマンＦ６Ｆヘルキャット（上）とボートＦ４Ｕコルセア戦闘機

この海賊野郎はとにかくスピードが速い。得意のヘッドオン攻撃をはずして、左急旋回で追跡するが、なかなか捕捉できない。

Ｆ６Ｆの最高速度は六〇五キロ／時だから、出足のいい零戦なら十分たたかえる。これも土方敏夫中尉にきいた話だが、零戦五二型丙は機体が重く運動性が二一型より著しく劣る。それで座席後方の防弾板と十三ミリ機銃をはずすと五十キロほど軽くなるなど、涙ぐましい努力をしたという。

ここだけの話だが、さらに中尉は邀撃戦のとき、飛び上がるとすぐコックを開き、もったいないがガソリンを半分ほどすてた。

こうすると機体は軽くなり、かなり運動性は向上したという。もちろん、遠距離侵攻ではこんなことはできないが。

Ｆ４Ｕの最高速度は六八〇キロ

／時と空冷エンジン搭載では、もっとも速く、飛行特性がかなりトリッキーなのだ。座席が後方なので前方視界が悪いのか、左右上下に機首をふって飛ぶくせがある。

さらに逆ガル翼で横転が得意なのか、やたらクルクルとスローロールをうつので照準がしにくい。また背面飛行も大好きでクルリと裏返しになり、その姿勢のままでも平気で射ってくるのだ。

とにかくこのくせを覚えるまでは、なかなか捕捉困難で撃墜するのがむつかしい。太平洋戦争の空中戦闘で失われたF４Uは、わずかに一八九機（対空砲火三四九機損失）でもっとも少ないという、信じられないような記録もある。

コノオ、ウソつけ、こけ、と長く思っていたが、最近コンバットゲームをするようになって、このガンコジジイも大いに納得した次第である。

まとめとして、もう一つ信じられない数字をお目にかけよう。

東洋一の精強さを誇る、台南空戦闘機隊の零戦を相手に、四月三十日から六月二日までP－39、P－400で戦った、第三五、第三六戦闘飛行隊の失われたパイロットはわずかに十八名である。（『THE 8TH FIGHTER GROUP WWⅡ』）

しかもこのうち、戦死：KIA（Killed in Action）、および戦闘中行方不明：MIA（Missing in Action）は十名、あとの八名は悪天候、着陸失敗など事故死：KIFA（Killed in Flying Accident）と認定している。

着陸失敗も三名いるのでやはりP－39は扱いにくい戦闘機だったのだろう。

この認定にはやや疑問も残るが、空中戦闘で失われたパイロットが十名と少ないのは、ホームグランドで戦う有利さ、鈍重だが頑丈な機体、一撃離脱戦法の逃げ足の速さ、素早いベイルアウトなどがあげられるが、いずれにしても人命を重視している点につきる。

この間に台南空は約百数十機の撃墜戦果を報告している。確実な資料はないが、実際には四十機前後だったのではないか。

もちろんアメリカ側の報告はもっと誇大で、両軍ともに、墜としても墜としても敵はしぶとく補充してくると考えていたわけだ。何度もいうが撃墜確認はむつかしく、大戦末期にはさらに十倍ぐらいにふくらむことになる。

いっぽう、この間に失われた台南空の搭乗員は、四月三十日の和泉秀雄二飛曹から六月一日の宮崎儀太郎飛曹長まで、十一名を数える。

ほとんどがモレスビー上空での自爆戦死である。好餌カツオブシを相手に最強の零戦隊、常に楽勝、完全勝利のはずの台南空としては、敵側の十名と比較すればかなり大きな犠牲だったといえる。

(11)『空の要塞』全機撃墜
――ブナ上空にB－17五機を屠る

七月二十一日、陸軍部隊・横山先遣隊（独立工兵一個連隊、約二千名）がブナに上陸した。いよいよ陸路ポートモレスビーを攻略する「リ号研究作戦」が開始された。

ブナ～モレスビー間は直距離約二〇〇キロ、道半ばのココダ（海抜四〇〇メートル）までは比較的平坦で、かろうじて自動車通行可能な道があるが、その先は峻険なスタンレー山脈が行く手をさえぎる。

当初、飛行場設営と地形偵察の予定が、二十五日、第二次ブナ輸送が順調にすすむと、第十七軍は参謀辻《つじ》正信中佐を派遣し、モレスビー攻略に方針を変更、つづいて南海支隊を送り込んだ。

辻は現地到着後、独断で「研究」の文字をはずし、「リ号作戦」として直ちに実施した。

戦う前から飢えていた南海支隊は十五日分の米を背負って進撃し、豪軍の守備隊と肉弾戦を演じつつ、それでもモレスビーまで約四十キロのイオリバイワまで到着した。ここからは海が見え、モレスビー飛行場の灯も望見された。

これから一気に山を下ってモレスビーに突入と意気上がったが、九月二十五日、突然、転進（退却）命令がでた。

これは両面作戦をさけてガダルカナル作戦一本にしぼったワリをくったわけだが、もときた道を引き返す南海支隊は、たちまち飢餓地獄におちいった。

荒々しく整地された一本の滑走路があるだけのラエ基地を発進する台南空零戦隊

零戦が護衛した少数の陸攻隊が、たびたびココダに空中から食料投下をおこなったが、焼け石に水だった。さらに米豪軍の激しい追撃をうけて、やがて南海支隊はジャングルに消えていった。

五月の時点ならともかく、いまは本国から増援をうけ、モレスビーは二万の米豪軍が守備する一大要塞に成長しており、空海からの援護もなしに、腹をへらした南海支隊が攻略できる相手ではない。

人命を軽視したこんな拙劣《せつれつ》、無謀な作戦で命を落とした英霊はまったく浮かばれないだろう。

『大空のサムライ』に話をもどそう。

八月二日、笹井中尉の指揮する第二中隊の零戦九機は、第一直のブナ泊地上空哨戒の命をうけた。この日の天候は珍しく快晴で、空の戦いには絶好の日和だった。

ラエ基地から四十分でブナ到着、高度は四千メートル。

泊地哨戒二十分が経過した。その時、直距離一万三、四千メートルにある岬の突端から、ポツン、ポツンと五つの黒点があらわれた。坂井は直ちに笹井中隊長にしらせる。

しばらく凝視した笹井中尉は、右手をあげて了解の信号をした。

十秒、二十秒……黒点はやがて一の字になり、やがて串ダンゴみたいな形に見えてきた。B－17『空の要塞』の出現だ！

笹井中隊長は、左後方にいる二小隊長坂井、右後方の三小隊長西沢一飛曹にたいして、小さいバンクを続けながら、右手をあげて大きく左右にふった。

「ひらけ、各小隊距離を開いて、戦闘体形をとれ」の信号だ。

坂井も右手をあげて、「単縦陣をつくれ」の命令を列機に下した。九機の零戦が、各機の距離五百メートルくらいにひらいて、長い単縦陣をつくった。

笹井中隊長機を先頭に、一本の槍のようになって敵編隊に突っ込んでいく。この槍は敵にたいして約十度から二十度の角度をとって反航した。

笹井中尉機は、すでに敵の指揮官機にたいして第一撃を浴びせかけるや、急反転して避退行動にうつった。すかさず、二番機太田一飛曹機がつっこみ、第二撃を浴びせかけた。

と次の瞬間、敵の指揮官機が大爆発を起こして、一瞬にして空中から姿を消した。

「太田、やったぞ！　みごとだぞ！」と坂井は思わず叫んだ。同時に日頃の研究が、見事に成果を挙げたことを知った。

間髪をいれず三番機が突っ込んだが、突然の爆発にあわてたか、ただその煙の中をスポンと素通りしただけだった。

つぎの四番目は坂井機だった。つづく敵の二番機と思ったが、これは角度が悪いのでやりやすい三番機を狙った。衝突寸前まで肉迫し、目をつぶる思いで力の限り発射把柄を握った。ところが意外！　弾丸が一発も出ないのだ。

「しまった！」と思った瞬間、敵機はグワーッと鼻先をかすめて通りすぎた。今日にかぎってなんというヘマをやったのか。不覚にも二十ミリの安全装置をはずし忘れていたのだ。ベテランの坂井でもこんなことがあるのだ。

四本の飛行機雲をひきながら弾倉をひらいて今にも爆弾を投下しようとしているB－17爆撃機

（筆者は車の運転で、時々パーキングブレーキのまま発進することがあるが、そんな感じだろうか）

そのまま背面降下のスピードを利用して、敵機を追い越し、敵を背後に見ながら全速直進して第二撃の占位をしようとあせった。

約二千メートルほど前方へ出た。その間、約三分くらい――チラリ、チラリと振りかえっては、味方の攻撃ぶりと敵の行動を見ていた。

わが三小隊が接敵したと思われた瞬間、敵二番機にまたも大爆発がおこって、空中から消失した。つづいて、すでに笹井中隊長は反転して第三撃の反航態勢に入っている。

接敵――攻撃をかけたな、と見えた瞬間、一番左側の敵機が、またも爆発をおこした。空中に残った敵B－17は二機のみとなった。またたく間に三機が空中から消え失せた。

残った二機は爆撃を断念して一機は山のほうへ、一機は海上沖合へと左右にわかれて逃走しようとした。

坂井機は沖合に遁走した敵機にたいして、いい角度でぶつかるような具合になった。あっ、ぶつかるな、と感じた瞬間、ひとりでに引き金をにぎっていた。敵-17の左翼の付け根が照準だった。たしかに手ごたえがあった。

猛烈なショックと閃光と音響……。またも敵機は大爆発！　坂井はこの目もくらむような状態から抜け出してホッとした。

残りの一機を坂井は追った。こんどは後下方から追ったが、味方零戦はすべて集中して攻撃をかけているので、衝突しそうで危なくて寄りつけない。

敵が左旋回したので坂井機は正反航になり、すかさず一撃をかけ、敵の頭上をかすめてすれ違い、急反転した瞬間、バリバリと敵の機銃音、同時にガンガーンと機尾のあたりに命中音とかなり激しいショックを感じた。

右手がジーンとしびれている。

背面飛行の機体をたてなおし、操縦桿を左手にもちなおした。飛行手袋の上から手の甲に、ジュラルミンの破片が突き刺さっている。これならたいしたことはないと左手でぬき取り、ふたたび反転して敵機を追った。

残った最後の敵機はガソリンの尾を白くひきながら、よたよたと高度を下げていく。味方零戦はなおもアブのようにたかっている。

敵機はついに力つきて海岸線に激突し、機体は真っ二つに折れた。われわれは遂に『空の要塞』五機を全機撃墜したのだ。

しかし、これより先、わが零戦一機がガソリンの尾を曳きながら、サラモア基地の方へ海岸線づたいに帰ってゆくのを見た。そのときはまだ残りの敵機に気をとられていたので両方みくらべているうちに、その味方機を見失ってしまった。

味方は編隊をまとめ、意気揚々と帰途についた。あとには直径五十メートルほどの、大きな白い雲の輪が四つポカリと浮かんでいた。

ここで喜んでいては危ない！　そう思って上空を見張ったそのとき、三機の敵戦闘機（P-39）が勇敢にも降ってきた。

ベテラン揃いのわが中隊の猛者たちが、ただちに応戦し、西沢と太田と坂井が、一機ずつたちどころに撃墜した。

西沢広義一飛曹

台南空副長・小園安名中佐

台南空飛行隊長・中島正少佐

われわれが帰還すると、『空の要塞』全機撃墜の報に、基地は湧きたった。

　指揮所で、斎藤司令に報告する笹井中尉の顔も紅潮していた。

　副長の小園中佐、飛行隊長の中島少佐も、日頃の研究の甲斐があったと笹井中尉の功績をたたえてくれた。

　だが、未帰還一機をだしたことが、われわれの心に一抹の淋しさをのこしていた。本吉一飛兵だけが帰ってこなかった。サラモア基地に不時着しているかもしれないと、西沢一飛曹が捜索に飛び立った。

　期待もむなしく本吉機は帰還しておらず、さらに燃料のつづくかぎり捜索してみたが、不時着した形跡がないという。その後、三日間、手分けして上空から捜索したが、本吉機の消息はついにわからなかった。

　本吉一飛兵は、紅顔可憐の美少年だった。年もまだ二十歳くらいだったが、若いのに似合わず落ちついた性格で、すでに敵数機を撃墜した経験もあり、みなで可愛がって育ててきた戦闘機乗りだった。

　とくに坂井にとっては、ラバウルにきていらい苦労をともにした仲で、どうしても、彼がどこかに生きているような気がして、あきらめきれなかった。

　以上が痛快な「『空の要塞』全機撃墜」の話の要約だが、さっそく検証してみよう。八月二日の『飛行機隊編成調書』によれば「リ号研究作戦・第三次船団哨戒」の編成は次のとおり。

(11)『空の要塞』全機撃墜

一直

		操縦員	被害	効果
第一小隊	1	笹井醇一中尉	無	B-17協同撃墜確実四機、不確実一機
	2	太田敏夫一飛曹	無	P-39×一撃墜
	3	茂木義男三飛曹	被弾×一	
第二小隊	1	高塚寅一飛曹長	被弾×一	P-39×一撃墜、P-39×一協同撃墜
	2	松木　進二飛曹	被弾×一	P-39×一協同撃墜
	3	本吉義雄一飛兵	行方不明	
第三小隊	1	坂井三郎一飛曹	被弾×一	P-39×一協同撃墜
	2	西浦国松二飛曹	被弾×一	
	3	羽藤一志三飛曹	被弾×一	P-39×一協同撃墜

0730　fc×九ラエ基地発進　一直

0810　B-17×五遭遇空戦（ブナ沖海上）一直　三／二D行方不明

0820　P-39×三発見、之と空戦

0900　B-26×五を発見、之と空戦

0935　B-17×一を発見せるも雲中に逸す

0945　帰途につく

1030　fc×八ラエ基地帰着　一直　綜合評点　A

『大空のサムライ』によれば、第一直は坂井が第二小隊長、西沢が第三小隊長とのべているが、『行動調書』では第二小隊長は高塚寅一飛曹長（操22）で、坂井は第三小隊長になっている。

西沢一飛曹は、午前八時五十五分にラエ基地を発進した二直の零戦六機の編成に入っている。指揮官林谷忠中尉（兵67）の用心棒・二番機をつとめており、この痛快なB－17全機撃墜の快挙には、残念ながら間にあわず、参加していないようだ。

この日はブナ泊地上空の哨戒なので、モレスビー攻撃のような笹井中隊の揃い踏みというより、臨時編成のペアだと考えられる。

したがって、坂井の記憶より行動調書の記載が正しいと思われるので、当然、P－39を撃墜したのは太田一飛曹と西沢ではなく高塚飛曹長が各一機、坂井と列機のポッポちゃんこと羽藤三飛曹の協同撃墜が一機ということになる。

高塚飛曹長はこの年六月、遅れて台南空に馳せ参じた操練二十二期の大ベテラン。九月に戦死するまでの在隊期間はわずか三ヵ月で、坂井の印象も薄かったのかもしれない。

しかし、台南空の中堅として坂井なきあとも健闘、老練な空戦技術でつぎつぎに戦果をかさね、十六機が公認されるハイペースだった。

行動調書によれば、B－17四機撃墜、一機不確実となっており、五機のうちどの機が不確実だったのかわからない。しかし、二、三の小さな点を除けば、肝心の日付をはじめ本吉機の未帰還まで、坂井の記述と珍しく見事に一致している。

こんな場合は検証も大いにやりがいがあり、ホットして嬉しくなってくる。

高塚飛曹長のお気に入り二番機、松木進二飛曹（新潟中学出身）は、本来は三空所属だが、七月より派遣隊として台南空の応援にきていた。坂井の二番機西浦国松二飛曹とおなじく甲飛四期である。

技倆優秀で同期のトップエース（最終撃墜数九機）に

なるが、九月十三日、ガダルカナル上空の空戦で高塚飛曹長とともに散華した。

この日、田中陸軍参謀のガダルカナル偵察の二式陸偵を援護していた九機の零戦は、突如、優勢な二十数機のグラマンF4Fにかぶられたのである。

大乱戦となり零戦隊は不利な態勢ながら、陸偵を体を張って守り通し、グラマン八機撃墜を報じた。が、我が方も高塚飛曹長、松木二飛曹、佐藤昇三飛曹、好漢羽藤三飛曹など三人のエースを含む、四機の零戦を失う痛恨の空戦だった。

八月二日の戦いでB－17の返り討ちにあった、紅顔可憐の本吉義雄一飛兵は九州唐津の出身。美男子の彼は女性にもてたようで、そのようすの一端は操練同期の親友島川正明の『零戦空戦記録』に、鳥栖の色街でのなんとも微笑ましい若者らしいエピソードがある。

これまで散々てこずった難攻不落の『空の要塞』全機撃墜は快挙だった。この裏づけをアメリカ側資料にもとめたのだが、ハッキリした資料は見つからなかった。自軍の不利・不名誉な資料を隠すのは、日本軍の特許ではなく、世界中みな同じなのだが……。


『AIR WAR PACIFIC』にも「第五空軍のB－17がゴナ（ブナ西北四十キロ）付近を攻撃、さらにサラモア付近の海上で日本海軍の一隻の輸送船を攻撃ヒットした」とあるだけで、自軍の損害にふれていない。

戦いの最後に登場し、撃墜されたという三機のP－39についても、第八戦闘航空群ほかの資料にも、なにもふれられていなかった。

(12)ロッキードに初挑戦

――A－29ハドソン爆撃機に手を焼く

『大空のサムライ』によれば――

七月二十二日、この日もブナ泊地の上陸部隊援護を命じられて、笹井中尉を指揮官とする零戦九機は、午前八時ラエ基地を出発した。

ブナ上空は高度二千メートルくらいに雲量十の層雲がたれこめていたが、視界はわりあい良好であった。雲の下だけ警戒していればよいので、見張りは楽だった。

白煙をひきながらも、ニューギニアの日本軍陣地に襲いかかるダグラスA－20 Aハボック攻撃機

哨戒配置についてから三、四十分たったころ、突然、上陸地点に大爆発が起こった。ほとんど同時に海上の補給船から、濃い油っぽい煙が噴きはじめた。

敵機がいる！　しかし、見当たらない。坂井はとっさに雲上からの爆撃にちがいないと直感した。が、それにしても、爆弾が命中したことが不思議だった。

坂井は南の空をなめまわし、さらに視線を山のほうへ移動させた。その瞬間、ポツンと一つ、雲の下に動くものを発見した。双発の敵爆撃機のようだ。すぐ笹井機にこれを知らせた。

「よし！　墜とせ」

坂井が中隊を先導して逃走する敵機を追撃し、ぐんぐんと敵機に近づいていった。ところが、この敵機は、いままでに遭遇した敵の双発機、たとえばB－25、B－26とか、ダグラスA－20A（ハボック）などとはぜんぜん形が違う。

やっとわかった。方向舵二つのロッキード双発爆撃機（ハドソン）である。こいつは珍しいと機上のみんなは喜んだ。さらに、この新機種を見て、一同は勇躍した。

坂井機は先頭にたって追ったが、敵機は降下しつつ、相当のスピードが出ている。うっかりすると逃げられるぞ、心配になった。距離五、六百メートル、左後方四十度から、敵機の針路前方に威嚇射撃をこころみた。

敵は驚いたのか、右急旋回をこころみ双発機とは思えぬ機敏さで逆戻りをはじめた。妙な動作をするなと思っていたら、いきなり胴体前部の固定機銃を撃って反撃してきた。

はじめてこういう敵機に出会ったので、大いに面食らったが、とにかく勇敢な敵機ではあった。

通常は二、三機が攻撃に向かうのだが、なにしろ、はじめてお目にかかる珍品を、自分の手で仕留めたいとの思いは誰しも同じである。九機の零戦が攻撃するので、おたがいに掣肘《せいちゅう》しあって、なかなか効果的な攻撃ができない。

広い野原で群がる猟犬が猛りたつ猪を追いまわすような格好である。坂井は敵機の後部銃座の反撃を無視して、五十メートルまで接近し、思いきり射弾をたたき込んだ。

たちまち敵機はタンクから青白いガソリンの尾をひいた。

二十ミリがなくなったので、さらに七・七ミリを三十メートルまで接近して、把柄を引きっぱなしで撃ち込んだ。すると、ポッと真っ赤な火がでた。やがてその火はみるみるうちに、機体の半分くらいを焔でつつんでしまった。

下半身が真っ赤――まるで焔の袴をはいて飛ぶ魔女のように見える。高度はわずかに五十メートルだった。

敵機は着陸でもするように、そのままジャングルの中に潜り込んだ。大きな樹に当たって両翼がパッと折れとんだ。その瞬間、真っ赤な鉛筆のように燃える胴体だけが、ジャングルの中へ焼け火箸を突っ込んだように走っていった。

すでに交代の時間がきていた。つぎの哨戒隊の機影が見える。笹井中隊はまとまりながら、ラエにむかって帰路についた。

ロッキードA－29ハドソン双発爆撃機

が、坂井は考えた。あのロッキードはきっと基地にSOSを打電したはずだ。救援のための敵戦闘機がくるはずだ、なにしろ、モレスビーは近いのだ。坂井はたえず後方を警戒しながら飛んだ。

　果たせるかな、敵はきていた。低く五十メートルくらいの超低空で三機の敵戦闘機（「空の毒蛇」）が、忍びやかに追尾してくる。距離は二千メートルくらいか。

　そのとき、坂井は味方の零戦八機におくれること千メートル。味方に知らせる方法も、そのいとまもない。ままよ、俺ひとりでやってやれ。三機くらいなら、十分に一人で相手できると思った。

　坂井はいきなりくるりと反転して、敵と反航になった。ところが敵はこれをみて、全機いっせいにまわれ右して逃げはじめた。敵の二、三番機は手近な雲の中に潜り込んでしまった。

　最後の一機も、まさに雲に突っ込もうとした瞬間、敵機の前方へ七・七ミリの威嚇射撃を見舞った。敵はびっくりして左旋回で海の方へ逃げはじめた。

　そのまましばらく追跡をつづけたが、ほとんど敵と同速度、追いつきも離れもしない。やがて二機は海岸線に直角に陸上に上がってしまった。坂井機に追いつめられた敵機は、いやでもスタンレー山脈を越えなければならない。

　上昇にうつった敵機に、容易に坂井機は追いついた。距離五十メートル、残りの弾丸はいくらもない。一撃で撃墜するためにさらに肉迫した。

　距離三十メートル。よし、ここだ！　引き金を握りしめようとした瞬間、敵パイロットが風防をあけてパッと飛び出した。

敵機の高度は地上約五十メートル。しかし、敵のパイロットは助からないだろう。落下傘は巻物のようにするするっとのびて、半開きのまま転がった。主を失った敵機は水しぶきをあげて川の中へ突っ込んだ。
二、三回旋回して、くまなく探したが、長々と横たわった白い落下傘が目に入っただけで、敵パイロットの姿はどこにも見えなかった。
こんな道草をくっていたので、坂井機だけが十五、六分おくれて単機で基地に帰った。笹井中尉が走って迎えにきて、

「どうしたんだ、みんな心配していたぞ」という。

編隊は、坂井が三機の敵を要撃に向かったことも、その一機と空戦したことも知らない。そこで坂井は一部始終を報告した。

「とにかく一発も弾丸を当てないのに、敵は勝手に墜っこちていったのですが、これも撃墜に入りましょうか」

ふたりそろって飛行長小園中佐のところへいった。中佐は大笑いして、

「そんなことより、五十メートルくらいの超低空で落下傘がひらいた、ということのほうが大問題だよ。飛行機乗りとしては、むしろこのほうが研究問題だね」

といった。

以上が「ロッキードに初挑戦」の要約だが、初体験の珍品ロッキードA－29ハドソン爆撃機との空戦をさっそく検証してみよう。とくに傍線の部分が照合するべき疑問点になる。

それにしても、「下半身が真っ赤――焔の袴をはいて飛ぶ魔女のように見える」とハドソン爆撃機の断末魔のようすを活写した、印象的な表現は見事である。

七月二十二日の『行動調書』によれば、

任務　ブナ上陸部隊船団哨戒
〈三直〉
第一小隊　1笹井醇一中尉
　　　　　2太田敏夫一飛曹
　　　　　3遠藤桝秋三飛曹
第二小隊　1坂井三郎一飛曹
P－39×一撃墜 ロックヒード爆撃機一機 協同撃墜（機銃弾×五六六〇）

ラエ基地の滑走路の端に並んだ零戦が発進を開始しようとする緊張の一瞬。後方に骨組だけ残った格納庫が見える

2米川正吉二飛曹
3茂木義男三飛曹

1300　fc×六ラエ基地発進　三直
1345　上陸点到達
1350　ロッキード爆撃機一機来襲、空戦撃墜
1430　P－39×五（爆弾携行）来襲、空戦撃退、一機撃墜
1615　fc×六ラエ基地帰着　三直

綜合評点　C

七月二十日に東部ニューギニア攻略の、第一次ブナ輸送がおこなわれた。

この日の朝、予定どおり陸軍輸送船、綾戸山丸、良洋丸は横山先遣隊（横山與助大佐指揮、独立工兵一個連隊、約二千名）が乗船。海軍輸送船、金龍丸には月岡寅重中佐指揮の佐世保五特・海軍陸戦隊四三三名が乗船し、ラバウルを出発した。

護衛は第十八戦隊、軽巡「津軽」、駆逐艦「夕月」「朝凪」「卯月」と第三十駆潜隊。出発してすぐに米軍哨戒機に発見されたが、雲が低く、スコールを交えた悪天候のせいか敵機の来襲はなかった。

二十一日、この日も前日と同様の天候で視界不良であり、朝のうちに米軍哨戒機に発見されたが敵機の来襲はなく、午後より揚陸を開始し、抵抗もなく無事上陸した。

この日、第二直として昼前に笹井中尉の六機の零戦が発進したが、編成は明くる二十二日とほとんど同じだった。

坂井は第二小隊長で参加しており、二番機は米川正吉二飛曹、三番機は佐藤昇三飛曹（乙9、九月十三日ガダルカナル空戦で戦死）だった。

哨戒終了し帰途にB－17一機を発見、追撃したが雲中に逃走した。

そして二十二日、早朝より泊地上空にB－17やB－26が来襲。荷役直前の綾戸山丸が被爆炎上し、泊地に擱座した。駆逐艦「卯月」もB－26五機の至近弾を受け、死傷者十六名を出したが、軍医が乗艦しておらずラバウルに引き上げた。

良洋丸は駆潜隊の護衛のもとに荷役未済のまま、いったん避退した。金龍丸は午前三時には荷役終了し、すでに帰途についていて無事だった。早くも日本軍艦船の対空兵装の貧弱さを露呈したといえる。

ラエ基地は、あいにくとこの日早朝より豪雨に見舞われ、護衛の零戦が発進できなかった。天候回復をまって、第一直の零戦六機（指揮官河合四郎大尉）がようやく発進したのは午前十一時、つづいて一時間後、第二直の零戦六機（指揮官山下丈二大尉）が発進した。

味方船団が避退したことを知らなかったのか、「上陸点到着後、船団捜索せるも発見せず」と報告している。

そして三直の笹井中隊零戦六機が午後一時に発進し、上陸地点で先行の一、二直と交代した。『大空のサムライ』にある笹井中尉の第二中隊零戦九機が午前八時にラエ基地を発進したとの記述は、どうやら坂井の記憶ちがいということになる。

ロッキード爆撃機が来襲し、海上の補給船から爆煙があがったというのは、擱座した綾戸山丸だと思われる。

ロッキードA－29ハドソンは、同社が開発し好評だったスーパー・エレクトラ旅客機をイギリス空軍向け対潜哨戒機として改装した機体で、その後アメリカ陸軍がA－28として発注することになった。

さらにエンジンを強力にし、特徴ある球型のポールトン・ポール旋回銃塔をとりはずし、軽量化をはかった機体が攻撃機A－29で六一六機が生産され、そのうち四十一機が開戦前に豪州空軍に供与された。

ズングリした外見に双発双尾翼という特徴あるスタイルで、少ない生産機数からも、確かに坂井のいうように珍品に属する機体である。

お世辞にもスマートとはいえない外見ながら、軽量小型で運動性もよく、多用途機として重用され、その後もたびたび改良が加えられた。

さらにその発展型はPV－1ベンチュラ、PV－2ハープーン哨戒機として戦後も長く使用された。B－25、B－26よりは一回り小さい機体だ。

A－29の諸元性能

全幅十九・九六メートル、全長十三・五一メートル、自重五・八二トン、全備重量九・三〇トン、乗員四名

エンジン：ライトR－一八二〇－八七、一二〇〇馬力×二、最大速度四〇七キロ／時、巡航速度三三〇キロ／時、航続距離二四九四キロ

武装：十二・七ミリ機関銃×一（後方上部）、七・六二ミリ機関銃×三（機首固定×二、後方下部×一）、爆弾　一六〇〇ポンド

坂井のいうように、機首に七・六二ミリ固定機銃が二梃あり、これを撃ちながら向かってきたら驚くのも無理はないだろう。

それとたった一機でブナ泊地に殴り込みにきた、健気な勇敢さにも敬意を表したい。わが大和魂も真っ青である。

わずかに四十一機が豪州空軍に供与されたハドソンだが、東部ニューギニア方面に飛来したのは珍しく、台南空と交戦した記録は四月二十八日、ラエに一機来襲、有田義助二飛曹が撃墜とあるが、坂井にとっては、この日が初顔合わせだったかもしれない。

有田義助二飛曹

武藤金義一飛曹

中仮屋国盛一飛曹

しかし、ハドソンがこの時期までよく残っていたものだ。

緒戦のクーパン、ケンダリー、アンボンなど蘭印（オランダ領東インド諸島）方面には少数機がたびたび艦船、飛行場攻撃などに飛来しており、当方面担当の三空零戦隊とは二、三度交戦している。

特筆すべきは四月十三日夕刻、クーパン基地にロッキード・ハドソン双爆計十機が数次にわたり来襲、三空の零戦九機が逐次邀撃した。

歴戦の武藤金義一飛曹（操32）、中仮屋国盛一飛曹（乙8）、酒井忠弘二飛曹（甲4、新潟中、松木進二飛曹と同窓）がそれぞれ一機撃墜を報告したが、園山政吉三飛曹（操47）が行方不明になった。酒井機も二発被弾しているが、果敢に攻撃し、これが彼の単独初撃墜だった。

坂井機はハドソンを撃墜後、送り狼のP-39三機を発見し、このうち一機を捕捉し、さんざん追い回したあげくに無手勝流で撃墜する。

もちろんこれはハドソンの無線SOSで駆けつけたものでなく、第八戦闘航空群のP-39が五〇〇ポンド爆弾を抱いて、日本軍の攻撃にきたものだが、これも零戦には真似のできないことで、敵ながら天晴れである。

坂井は三機の敵戦闘機と記しているが、『行動調書』にはP-39五機、爆弾携行、とはっきり記載されている。

さらに、戦果は遠藤桝秋三飛曹のP-39一機撃墜だけで、坂井の撃墜は記載なし。やはり、弾丸を一発も当てない無手勝流撃墜は、目撃者もなく認定されなかったのだろうか。

日本海軍（陸軍も）の撃墜は自己申告が中心で、ガンカメラもない状態では個人撃墜の認定は困難で、記録してない部隊もある。しかし、この時期、比較的正確な台南空の『行動調書』に撃墜が記載されてないのは少々気にかかる。

連合軍の損失は第八戦闘航空群、第八〇戦闘飛行隊のデビッド・S・ハンター中尉のP－400が失われ、同中尉が同飛行隊初の戦死者となった。ただし、これは輸送船攻撃中に悪天候で海面に突っ込んだのだという。さらにRAAF（豪州空軍）のP－40（七五スコードロン）一機が失われた。

第五航空軍のB－17、B－25、第二二爆撃大隊のB－26が数回、日本船団を攻撃し、一機のB－17が高々度爆撃で輸送船に爆弾二発命中との報告した。

第八戦闘航空群のP－39、P－400ならびにRAAFのP－40も爆装して数回攻撃に参加した。

また、第三五戦闘飛行隊のP－39がゴナ上空にて水上飛行機一機を撃墜したという（これは聖川丸《きよかわまる》搭載の零式観測機のことか）が、日本側にはそれに該当する記録はない。

坂井が一発も弾丸を当てないで、無手勝流で撃墜したP－39のパイロットは無事だったらしい。第八戦闘航空群の戦死者名簿に該当者が見当たらない。五十メートルの低高度でも、高速の戦闘機から離脱した場合は空気抵抗が大きいから、パラシュートも半開き状態になったのだろうか。

「すでに交代の時間がきていた。つぎの哨戒隊の機影が見えた」というのは、坂井の記憶ちがいだろう。この日は坂井らの笹井中隊六機が最後の三直で、交代の四直はなかった。

「道草をくっていた坂井が、十五、六分遅れて単機で基地にかえった」というが、『行動調書』には、三直　午後四時十五分　零戦六機　ラエ基地帰着　とある。これも坂井の記憶ちがいか、あるいは帰途増速して追いつき、ほとんど同じ時刻に帰ったのだろう。

さらに坂井のために一言弁護するならば、この前日の二十一日にも二直のブナ哨戒の任務についたことはすでに述べた。以後ほとんど連日、台南空はラエ基地を発進し、ブナ泊地の哨戒を実施している。

この程度の細かい記憶ちがいは、当然であり、むしろ戦後七年を経過した時点でよく記憶されていたと賞賛すべきだろう。

この上陸を阻止すべく、敵機もあらゆる機種を総動員して、なりふりかまわず来襲している。P－39、P－40戦闘機も爆装して攻撃に参加しており、この日の珍品、ロッキード・ハドソン単機の果敢な攻撃など、むしろ日本軍のワンパターン的な攻撃や戦闘方式をはるかに上回っている。

開戦より今日まで、敗走する弱敵を追って比較的楽な戦いをしてきた台南空零戦隊も、このニューギニア東部の戦いと、次のガダルカナル米海軍の本格的反攻の二面作戦の矢おもてに立たされ、苦しい戦いと激しい消耗を強いられることになる。

なお、フランスのド・ゴール大統領が大戦中ロンドンに亡命、「自由フランス空軍」を創設、レジスタンスの指揮をとったが、この〝ロッキード・ハドソン〟を専用機として愛用したのは有名な話である。

(13)禁令を破るも可なり

——単機で敵戦闘機基地を銃撃

つぎは坂井の負けじ魂が爆発した痛快な一編、単機敵モレスビー基地銃撃のエピソードの検証にはいる。日時はB－17全機撃墜した八月二日をさかのぼる一週間前の出来事になる。

七月二十六日、わが笹井中隊九機は、ブナ泊地上空の第一直哨戒の任務をあたえられて、午前八時にラエ基地を発進した。ブナまではわずか四十分の距離である。

ブナ上空二千メートル付近に、厚さ五十メートルほどの薄い雲が一面にひろがっていた。零戦隊は高度千八百メートルにとって、その雲の下を這うように泊地上空に進入した。

海上では、中型の輸送船二隻が盛んに荷揚げ中であり、駆逐艦一隻が対潜警戒に走りまわっていた。まことにさびしい上陸風景であった。

163

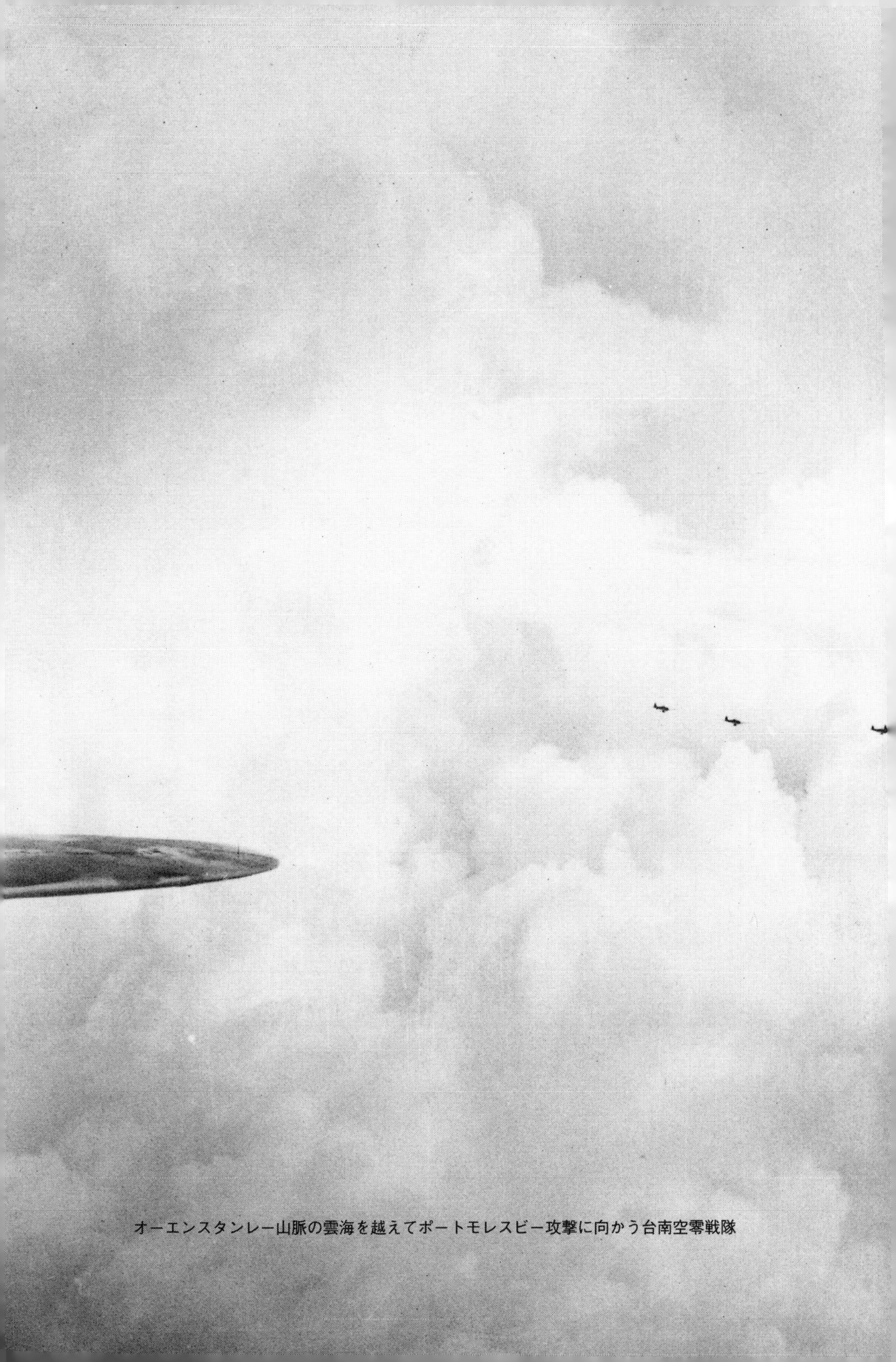

オーエンスタンレー山脈の雲海を越えてポートモレスビー攻撃に向かう台南空零戦隊

――五分たった。

坂井は海岸線を右の翼下に見ながら、大きく左旋回をはじめたとき、ふと右後方が気になったので、窮屈な肩バンドをはずして、ひょいとふりかえると、雲下すれすれに敵機を発見した。距離は近い。坂井は単機で右旋回をすると同時に増槽を落とした。

僚機もこの行動をみて敵襲とさとり、一斉に坂井機につづいた。敵機はすでに爆撃針路に入っているらしく、まっしぐらに直進してくる。見慣れたB－26双発爆撃機の五機編隊だ。われわれは敵機に正反航で直進した。

距離はまだ遠いとは思ったが、とにかく敵の鼻づらへ一連射をあびせかけた。敵はあわてて、身をひるがえすと、編隊のまま頭上の雲の中にもぐりこんでしまった。

零戦隊もこれを追って雲中に突入した。敵機は爆撃をあきらめてスタンレー山脈（モレスビーの方向）へ向かって逃げていく。追う零戦に対し、敵機の後部銃座からさかんに射ってくる。

敵機は雲上すれすれに位置しているため、攻撃後の運動を制限され、なかなか決定打を与えることができない。山を越したらすぐモレスビーだ。つい先ごろから追撃は、スタンレー山脈の分水嶺まで、という禁令が与えられていたので、坂井はあせった。

坂井は一計を案じた。

全速のまま雲の下へ突っ込み、速力をつけて敵の針路の前へ前へと出た。約二千メートルも前にでたと判断したとき、急反転して雲の上に出た。針路は当たった。敵の位置を確かめ、ふたたび雲下へもぐり、一呼吸する間もなく、衝突覚悟でふたたび雲上に抜け出た。

あわや激突！　敵は、雲下から飛び出した坂井機におどろいて、グッと編隊のまま頭を上げた。その態勢のくずれる一瞬に発射した坂井の弾丸が、先頭機の胴体に火花を散らし、右の翼根がパラリと裂けた。

この思い切った一撃で、二機が同時に撃墜され、他の一機もすでに墜とされ、残りは二機だけ……。執拗にせまる零戦の攻撃を巧みにかわしながら、敵の二機は必死の遁走をつづけている。

戦いはつづき、ついに分水嶺へたどりついた。禁令どおり味方機は、身をひるがえして引き揚げを開始した。この禁令は、深追いして弾丸を撃ちつくし、そこを敵戦闘機に食われるのを防ぐために定められたものである。

だが、坂井機は二撃やっただけで残弾は十分にある。さらに追撃を決意し、断乎として分水嶺を越えた。さらに肉迫して二百メートルで一連射を浴びせかけた。手応えあって敵機は火を噴いたが、すぐに消えて飛びつづけている。

そのとき後方から、バリバリという機銃音が聞こえた。敵機かと振り返ったら、すぐ右後方に笹井中隊長機、その後ろに遠藤三飛曹機がついている。思いは同じ、中隊長自ら禁令を冒したかとおかしくなる。

もう一連射と把柄を握ったが七・七ミリだけがダダダと出た。二十ミリは撃ちつくしたらしい。

なおも坂井は追いすがった。右下にチラリと海岸線が見える。ついにモレスビーまできてしまった。モレスビーの町が、飛行場が、手のとどきそうに見える。

追跡に気をとられ、いつしか高度は百メートル。これはいかん、やはり禁令は無意味ではなかったと思い、引き返そうとした。

あたりを見回すが、笹井機、遠藤機も見失っている。そのまま直進して、海上に出た。さいわい敵戦闘機も降ってくる様子もないので、帰ろうと思い、高度五百メートルから遙にモレスビーの基地を偵察した。

ズラリと並んだ敵機の列線が見える。敵機がエンジンを始動した。土ホコリが上がる。その瞬間、ムラムラッと闘魂か、戦意か、我慢のならない気持ちが起こった。七・七ミリなら相当残っているはずだ。

くそっ！　やっつけろ！　すぐ東へ大きく旋回し、高度二百メートルに下げ東西の滑走路上にズラリ並んだ敵戦闘機の列線に向かって、いきなり東の端から、七・七ミリの把柄を握りっぱなしでなめてやった。

不意の銃撃にあわてふためく地上員、射ち終わって飛行場の端まできたころ、前方の空中に黒い煙のかたまりが、いっぱいに浮かんだ。地上砲火だ。なにくそっ、当たるものか！　右に左に機をすべらして、ジャングルすれすれの超低空でついに逃げきった。

徐々に山沿いに高度を上げつつ、もとの分水嶺へたどりつくと、そこには笹井機、遠藤機が左旋回しながら待っていた。三機は僚機に遅れること四十五分、全機無事にラエ基地へ帰還した。

笹井中隊長は意気揚々と報告した。

「敵五機のうち三機を撃墜、二機に大打撃を与えました」そして終わりに、「二小隊長坂井は、モレスビーの敵戦闘機基地を銃撃してきました」とつけ加えた。

途端に、いままで機嫌よく報告を聞いていた飛行長小園中佐の顔が、緊張して、大喝一声——。

「バカッ！　誰がそんなことを命令したかっ！」

お叱りは案外軽くてすんだ。飛行隊長中島少佐が慰めてくれた。

「禁令を破ったのは命令違反だが、元気が余ってやったことだから仕方ないさ。だが、以後は気をつけるのだな」

じつはこの日、笹井中尉、坂井、遠藤三飛曹の三人は、悪いことながら、禁令を破ってモレスビーに挨拶に行こうではないか、という秘密計画をたてていたのである。

事実、この日の飛行が、坂井にとってモレスビー上空を飛行した最後となるのであった。


以上が『禁令を破るも可なり』の要約であるが、また検証に入ろう。まずは七月二十六日の『行動調書』をチェックしてみよう。

七月二十六日　任務：ブナ付近上空哨戒
〈一直〉
第一小隊　笹井醇一中尉
　　　　　太田敏夫一飛曹
　　　　　遠藤桝秋三飛曹
第二小隊　高塚寅一飛曹長
　　　　　佐藤　昇三飛曹
　　　　　本吉義雄一飛兵
第三小隊　坂井三郎一飛曹
　　　　　米川正吉二飛曹
　　　　　茂木義男三飛曹

B-25×三協同撃墜
被弾×二機
スピットファイア
敵機撃破（不確実）
約十機

0635　一直　fc×九ラエ基地発進

0715　B－25×五来襲空戦　内三機撃墜
fc×三遁走せるB－25×二を「モレスビー」上空まで追撃
第二新飛行場待機中のスピットファイア戦闘機約十機を銃撃（1／3D）
0750　帰途につく
0900　一直　fc×九ラエ基地帰着
綜合評点　A

『編成調書』によれば、この日の編成も先の八月二日に『空の要塞』全機撃墜したときとほぼ同じ編成であり、坂井一飛曹は本人がいう第二小隊長でなく第三小隊長ということがわかる。第二小隊長は高塚飛曹長。

さらに七月三十日にもブナ泊地上空一直哨戒をおこなったが、八月二日とまったく同じ編成であった。この時は来襲したB－17一機を協同撃墜している。

坂井機たちが爆撃からまもった二隻の輸送船は、第二次ブナ輸送の廣徳丸、良洋丸で、護衛は軽巡「龍田」と第三十二駆潜隊である。

両輸送船はたびたび敵機の爆撃をうけたが、台南空の良好な援護もあって、なんとか無事に輸送任務をはたした。三十日夕刻に、廣徳丸はB－17八機の爆撃をうけ、爆弾四発が命中、航行不能になった。

七月二十六日、来襲した敵機は『大空のサムライ』ではB－26、『行動調書』ではB－25となっている。これは坂井の記憶のとおりB－26が正しいようだ。

米側資料にはこの日、自軍の損害にはふれてないが、第二二爆撃大隊のB－26がゴナ方面の日本海軍の駆逐艦を攻撃、ヒット（命中？）したという記述がある。

また、坂井機が銃撃した敵機は『行動調書』にあるスピットファイアではなく、第八戦闘航空群第八〇戦闘飛行隊のP－39エアラコブラである。

銃撃した敵飛行場についての特定はむつかしいのだが、坂井の記述によれば、いちど海岸にでてすぐ東側から回り込んでるようなので、一番海岸よりのキラキラ飛行場（戦闘機専用 KILA DOROME）かと推測した。

しかし、『行動調書』には第二新飛行場となっているので、山側に新設された三ヵ所の飛行場のうち、真ん中の一番大きい通称十七マイル飛行場のことだと考えられる。

　当初は海側に主飛行場ジャクソン（セブンマイルズ）、その西側のワーズ（キド）、海沿いにキラと、三ヵ所あったモレスビーの飛行場は、その後、山側にあらたに三ヵ所の飛行場がつぎつぎと増設され、この時期、計六ヵ所に飛行場を有する一大航空要塞に成長していた。

　いずれも発着しやすいように、分水嶺にそって東西にならんだ滑走路となっている。新設された飛行場は日本側もとうぜん把握していたが、単に第一、第二、第三の新飛行場と呼んでいたようだ。

　米側呼称は右から、十二マイル（BERRY DOROME）、北西へ約二キロに十七マイル（SCHWIMMER DOROME）、さらに西へ四キロに十四マイル（DURANND DOROME）飛行場があり、いずれも戦死したP－39パイロットの名を冠している。

　坂井の銃撃した十七マイル飛行場は去る五月四日、悪天候下の攻撃で戦死した第三六戦闘飛行隊のチャールズ・シュワイマー中尉の名をつけたもの。さらに十四マイル飛行場は去る四月三十日、サラモアで戦死し

日本軍が造成した滑走路一本のガダルカナル飛行場は、米軍の占拠とともにロフトン・ヘンダーソン少佐の名を冠せられて、またたくまに一大航空要塞と化していった

た第三五戦闘飛行隊のエドワード・デュランド大尉の名をつけたものという。

のちに、激戦場となるガダルカナルのヘンダーソン（ミッドウェー海戦で戦死した海兵隊SBD急降下爆撃隊長ロフトン・R・ヘンダーソン少佐）飛行場の例をあげるまでもなく、いかにも、故人の名誉と功績を重んじ、士気を鼓舞するヤンキーらしいアイデアだが、日本ではまったく考えられない話で、少しうらやましい気がする。

つぎにスタンレー山脈の分水嶺をこえてはならない、という禁令が本当にあったのかどうか。あまり深追いはしないこと、という申し合わせはあったかもしれないが、厳然たる禁令は存在しなかったのではないか。

空戦中に分水嶺が迫ったから、空戦をやめました、ではとても戦争にはならないだろう。

とくにニューギニア東部のブナから、モレスビーまでわずか二百キロ、零戦ならひとっ飛び四十分の近距離で、分水嶺などもっと間近いのだ。

ましてや、この日、笹井中尉、遠藤三飛曹、坂井の三人は、久しぶりにモレスビーに挨拶に行こう、と秘密計画をたてていたという。厳しい禁令が本当にあったなら、こんな悪戯は軍令違反になり、とうてい出来ないと思われる。

「バカッ！　誰がそんなことを命令したか！」

と小園中佐が一喝したというが、これは分水嶺を越えるな、という禁令を破ったことにたいしてではない。単機で対空砲火に身をさらす、危険な地上銃撃をしたことにたいする叱責である。部下の身を案ずるあまりのお叱りだろう。

モレスビー敵基地も四月から五月までは、地上砲火も完備せずたいしたことはなかった。だから零戦隊も空戦終了後、または在空敵機なしの場合は、上空に警戒機を残して主力は地上銃撃を当然のようにおこなった。

その後、敵基地は日増しに対空砲火が充実し、五月十七日、地上銃撃で山口中尉を失うことになった話はすでに述べた。このあたりから危険な地上銃撃は禁止されたのではないか。

しかし、この日、坂井機がおこなった地上銃撃は怪我の巧名、敵戦闘機十機を撃破して無事に帰還したことは、まさに効果抜群、殊勲甲の大戦果だ。

それはなにより綜合評点Aにあらわれている。ふつうは敵機三機を撃墜しただけでは、とてもAの評価はもらえない。これはやはり、坂井一飛曹の破天荒な働きにたいする、司令部の評価が高かったことのあらわれだろう。

同じくこの日、大本営参謀辻《つじ》正信中佐が駆逐艦「朝凪」でラバウル経由ブナに激励にやってきた。しかし、夕刻五時前、B－17一機、B－26二機の攻撃をうけ、「朝凪」は回避運動中に暗礁にふれて右推進器を破損した。

この時、辻参謀も軽傷をうけ、先に上陸したと書いたが、事実は上陸をとりやめてラバウルに同艦で帰った。立腹した辻参謀は大本営陸軍部にあてて、次のように打電した。

「七月末ブナ付近の制空権は敵手に在り、海軍の航空実力は使用し得るもの戦闘機二〇、爆撃機三〇のみなるも其の実情は軍令部に通じあらず」（『南東方面海軍作戦』I）

戦闘機二十機とは過小評価だが、この電文のせいなのかどうか、その後のブナ泊地哨戒は、早朝の一直から夕刻の五直まで、終日カバーすることになり、ますます台南空の献身的な努力と犠牲を強いることになった。

が、敵もさるもの、五直が引き上げたサンセット直前のスキをねらって来襲し、艦船の被害は増大した。

七月末の記述は、『空の要塞』全機撃墜」「ロッキードに初挑戦」この「禁令を破るも可なり」いずれのエピソードも、細かい点をのぞいてはかなり正確である。

空戦の日付も実際にドンピシャリなのは『大空のサムライ』では、むしろ珍しい部類に入る。

ラエ基地の最後の空戦は、坂井の印象も強く、それだけ正確に脳裏にきざまれていたのだろうと思われる。

このようなエピソードは検証の仕甲斐があり、坂井三郎と気持ちが通じあったような気がして、検証していても楽しくなる。

第三章　孤独なる苦闘の果てに

(1)いざ、ガダル血戦場へ
——九死一生、ソロモンの空戦

つぎは、いよいよ空戦記『大空のサムライ』の白眉、長駆ラバウルよりソロモン群島東端のガダルカナルへ、宿敵グラマンF4Fワイルドキャットとの対決、そして予期せぬ坂井の負傷、九死に一生の生還となる、クライマックスの苦しい戦いへと話はすすむ。

八月三日、ラエの零戦隊の半数がラバウルに引き揚げてきた。飛行機の整備と搭乗員の休養をかねたものである。

激戦のラエからラバウルへ帰ってくると、まるで戦地から内地へ帰ってきたようで、三日もたつと退屈を感じた。

今回もすぐに帰れるものと思い、私有物はすべてラエに置いたまま、ラバウルへやってきた。だが、それは間違いだった。敵がニューギニア東端に、新しく進出してきたラビの偵察と空襲にかりだされた。

しかし、二回にわたるラビ空襲も、悪天候にわざわいされて、敵機を認めながらも、たいした戦果をあげられなかった。それどころか、八月四日には、零戦隊に同行した神風偵察機が敵機の奇襲をうけ、撃墜されるという事態が起こった。

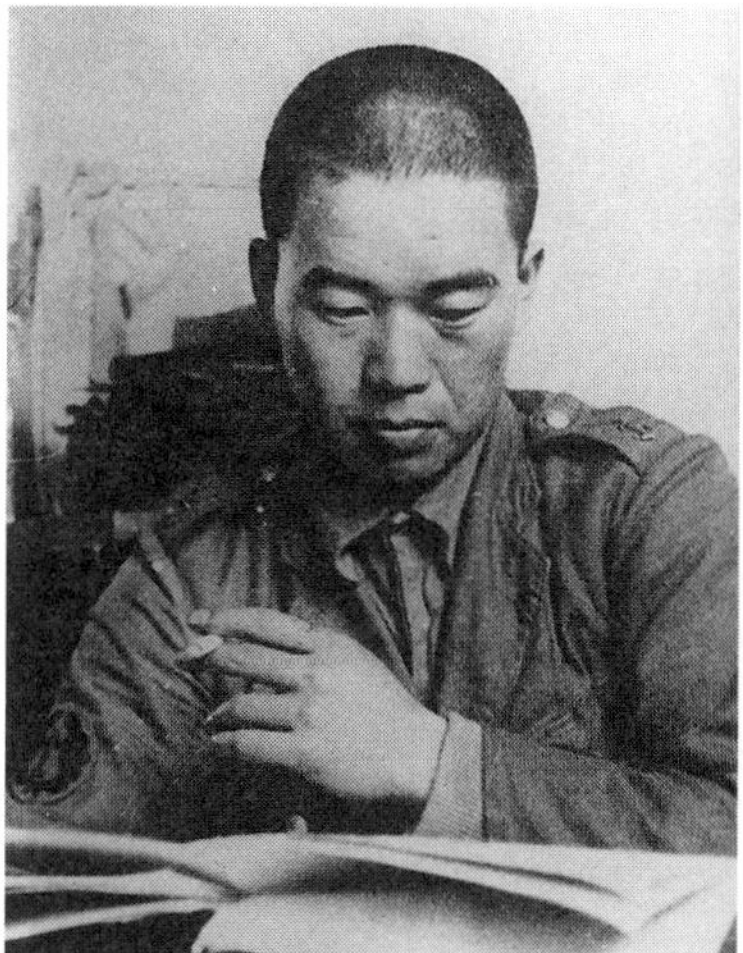

九江基地の搭乗員宿舎でくつろぐ坂井三空曹

昭和17年8月3日、ラエ基地から零戦隊が引き揚げてきた。写真は8月4日、ラバウル東飛行場に勢揃いした台南空の搭乗員たち——前列右から4人目・羽藤一志三飛曹、5人おいて国分武一三飛曹。2列右から村田功中尉、大野竹好中尉、結城国輔中尉、分隊長山下丈二大尉、分隊長稲野菊一大尉、飛行隊長中島正少佐、司令斎藤正久大佐、副長小園安名中佐、分隊長河合四郎大尉、分隊長笹井醇一中尉、林谷忠中尉、高塚寅一飛曹長、山下佐平飛曹長。3列右から5人目・遠藤桝秋三飛曹、太田敏夫一飛曹、2人おいて大木芳男一飛曹、1人おいて西沢広義一飛曹、坂井三郎一飛曹、吉田素綱一飛曹、志賀正美二飛曹、山下貞雄一飛曹。第4列は右から7人目に山崎市郎平二飛曹、吉村啓作一飛兵、1人おいて上原定夫二飛曹の面々である。

ラバウル東飛行場に帰投、宿舎に向かう搭乗員たち(上)。下は台南空の指揮所から見た零戦群

八月七日、天候偵察の結果、ラビ方面は快晴だというので、今日こそはラビの敵戦闘機を撃滅してやろうということになった。午前八時、指揮所前に搭乗員が整列し、この日の指揮官中島少佐から注意事項を聞いた。

搭乗員はそれぞれ自分の愛機のある列線に向かって歩き出した。ところが急に、「出発待て」という命令で、もう一度、指揮所前に集合した。

いきなり「今日のラビ空襲は取り止めだ。新しい目標に向かう」と中島隊長がいった。

聞けば今朝、優勢な敵攻略部隊がソロモン群島の南端ガダルカナル島のルンガに上陸した。同時にツラギにあった横浜空の飛行艇は全滅した。目下、敵は上陸中である。

この報告を受けて、一同の顔に緊張がはしった。目標は変更され、敵上陸部隊を攻撃する中攻を掩護して、零戦隊も初めて聞いたガダルカナルへいくことになった。

しかし、ガダルカナルは極めて遠い。五六〇浬（実は一一〇〇キロ、東京～屋久島間と同じ）という、いままで零戦が進出したことのない長距離である。

燃料を浪費するな、燃料が足りない場合はブカ島不時着場に降りよ、この距離が開戦時に台南からクラークフィールドを往復した同じ距離である。

かくて、七時五十分、中島隊長、二中隊河合大尉、三中隊笹井中尉の各六機、計十八機の零戦がラバウルを発進した。

坂井は三中隊二小隊長として、二番機柿本円次二飛曹（操47）三番機羽藤一志三飛曹（乙9）を率いて出撃した。

時刻は七時五十分、零戦十八機は全機離陸し、先行する中攻隊二十七機を追って高度を上げる。まもなく、二中隊二小隊長大木芳男一飛曹の右脚（車輪）が引き込まれず引き返した。

坂井は「おや？」と思った。一式陸攻の腹に、しっかり抱かれているのは、黒光りする爆弾だった。上陸船団を攻撃するのにどうして魚雷でないのか、突然の目標変更だから間にあわなかったのか。きょうの爆撃隊には大した戦果は期待できないだろう。

進撃高度四千メートル、ブーゲンビル島上空で坂井

ソロモンの島々を眼下にガ島攻撃に向かう台南空零戦隊

はちょっとしたミスをする。飲もうとしたサイダーが噴きこぼれ、風防内、遮風板に飛び散った。これを拭き取るのに四十分を要したが、この動作が坂井を神経的にかなり疲れさせた。

ベララベラ島、ルッセル島をすぎガダルカナル島が望見されるころ、編隊は高度を上げ六千メートル、酸素マスクを装着する。

「あっ、空戦がはじまっている」

ルンガ上空に、チカチカと黄色く光るものがある。先行した制空隊がすでに空戦を開始したのだ。坂井も中攻隊をおっぽりだして、空戦場に駆けつけたい焦燥にかられた。

ガダルカナルの北の海岸線が見えはじめた。坂井は思わず、あっと叫んだ。

見よ、海上を埋めて真っ黒に密集している敵の大船団！　数はかぞえきれない。その船団のまわりを十数隻の駆逐艦が走りまわっている。停泊している七、八十の船団と海岸との間を、蟻のように往復する無数の上陸用舟艇。

これを見た瞬間、坂井は〈戦争は負けだ〉と直感した。自分たちの戦いの相手は、アメリカの物量だという感じが、胸にドキンとこたえた。

爆撃隊は、すでに爆撃針路に入って定針している。右上方の太陽が気になる。

突然、その太陽の中から七、八機の敵機が降ってきた。熊蜂のようなずんぐりした胴体、直角に切り取ったような四角い翼、——あっ、グラマンだ、初めて見る宿敵グラマンＦ４Ｆワイルドキャットの姿！　同じ海軍機というだけで、坂井は闘志のたぎりたつのをおぼえた。

グラマンは零戦には目もくれず、爆撃隊に襲いかかっていく。単縦陣になって、中攻隊のど真ん中を通りぬけ、ついで急降下にうつる。そのグラマンの鼻先に坂井は威嚇射撃をあびせる。

味方の中攻隊は一発の被弾もなく、ぶじに大船団の上空に到達した。中攻隊はいっせいに爆弾を投下した。一秒、二秒、三秒、水柱が立った。が、水煙がおさまった。坂井は目を皿のようにして海面を凝視した。

火災をおこしている船が一隻見える。だが、その他の船は、いずれもシレッとしていた。坂井は全身の力が抜けていき、ガッカリした。船団攻撃が目標なのに、なぜ爆弾を積んできたのか。雷装が間に合わなかったというなら、なぜ足許から鳥が飛び立つように急いで出撃したのか？

なぜこんなお粗末な作戦指導をしたのか。坂井は腹がたってならなかった。

中攻隊は左旋回を終えて、黙々とルッセル島の上空を通過して帰途についた。こんな結果では爆撃隊はもっとガッカリしたことだろう。

宿敵グラマンを撃墜

そのとき、笹井中尉機が大きなバンクを振った。出撃前の打ち合わせにより、爆撃隊を送り狼（敵戦闘機）の危険圏外まで送ってから、零戦隊だけ引き返して、敵戦闘機と一戦交えようとの計画だった。

（ところが、後でわかったのだが、この直後、爆撃隊はグラマンの攻撃をうけ、相当な被害を出した模様である）

ときに午後一時三十分――われわれ零戦隊の十七機は、中隊長にしたがって、左旋回でふたたびルンガ泊地上空へ殺到した。

いよいよ宿敵米海軍の新鋭機グラマンとの一騎打ちだ。

その時、またしても太陽を背にして敵グラマンが降ってきた。坂井だけがいち早く敵の攻撃に気づいて、全速で味方戦闘機の先頭に出た。グーンと急上昇しながら反撃した。

味方は不意をうたれた形になって、各機は急激な操作で左右に急旋回して、敵弾をかわした。

ところが、敵もまたこの一撃をかけただけで、急降下して散っていってしまった。ホームグラウンドでしかも有利な態勢にありながら、一撃だけでなぜ彼らはかかってこないのだろう？

いったん左右へ散った味方機は、ふたたび中隊長機を中心に集合した。ところが、坂井の列機、二番機も三番機もついてきていない。

「しまった！」

坂井は全身に冷水を浴びせかけられたように感じた。彼らはいまの一撃で喰われてしまったかもしれない。

「柿本、羽藤！」

坂井は絶叫する思いで、あちこち駆け回ってさがしつづけた。その時、右翼前方のはるか下方に、零戦二機が一機のグラマンに追い回されているのが望見された。敵味方三機は、左垂直旋回でぐるぐる回りながら空戦をやっている。

全速で坂井は笹井中尉に知らせて、まっしぐらに急降下した。

坂井は一気に空戦の渦の外縁まで駆け降りて、二機の零戦を追うグラマンに遠距離から一撃を浴びせかけた。敵グラマンはさすがに零戦二機を追いまわす強者だけあって、左旋回をパッと右旋回に切りかえると、ぐーんと坂井機の腹の下へ食いこんできた。

その瞬間、坂井は〈これは手ごわいぞ〉と感じて思わずひやりとした。いままで相手にしてきた連合軍の戦闘機とはちがって、一騎打ちに入る前に、敵の技量が相当なものであることを悟った。

坂井は得意の左旋回に巻き込み、二旋、三旋、やっと絶好の横の巴戦《ともえせん》にはいった。荷重のために脳貧血を起こしそうになりながら、「何くそ!」と頑張った。

五旋回目のときだった。敵機が、急にずーっと前にのめってきた。——しめた! われ勝てり! 敵機は垂直旋回をあきらめ、左斜め宙返りをうった。坂井機は容易に敵を捕捉し、いつでも撃てる態勢になって敵グラマンを観察した。

坂井は敵の真後ろ五十メートル、二十ミリはもったいないので、七・七ミリに切り替えて敵の操縦席を照準器の真ん中に入れ、ダダダッと二百発ほど射ちこんだ。敵の防弾防火設備はすばらしく、まったく墜ちる気配がない。零戦ならとっくに火ダルマになっている。

その時、グラマンのスピードが急に落ちはじめた。坂井機は前にのめってグラマンの左に並んでしまった。

敵の機体には無数の穴があき、方向舵が破れ障子のようになっている。坂井は風防をあけて敵操縦員の顔を見た。向こうも風防を開けており、目と目がぴたりとあった。

黒部西瓜に目鼻をつけたような顔で、堂々たる体格、坂井より七、八歳ぐらい年上だと直感した。カーキ色の飛行服の右肩が血で真っ赤になっている。

その後、エンジンに二十ミリの止めを刺されたグラマンのパイロットは、パラシュート降下した。場所は海岸線の真上だった。頭をたれ、姿態がだらりとのびきっている。ひどい重傷だったから、あるいはもう死んでいるかもしれない。

襲いくる死との戦い

坂井は遠くうしろからついてきている、二機の零戦の方へ機首を向けて近寄っていき、顔を見せた。向こうの二機も風防をあけて顔をだした。

「ああ、やっぱり!」

この二機は柿本と羽藤であった。陽気な柿本は、さっきまでの怖い思いなどは忘れたかのように、躍りあがらんばかりに喜んでいる。

この日、十七機の零戦隊は、敵機約七十七機と戦って、その三十六機を叩き落とした。帰らざる零戦は二機、吉田素綱一飛曹、西浦国松二飛曹であった。その最後を見たものはひとりもいなかった。

また、西沢の活躍も目ざましく、彼は列機をずっと後方に置いてきぼりにして六機のグラマンを叩き落としたのだ。

坂井は柿本、羽藤を率いて笹井中隊のあとを追って上昇した。そのときバーンと大きな音がして坂井機の風防に、大穴があいた。断雲の間に複座のSBD艦爆(ダグラスSBDドーントレス)が、チラッと一機みえた。

坂井は敵の後上方に素早くまわりこみ、ぶつかるほどに接近して、一連射を浴びせかけた。SBDは煙も火も吐かず、キリモミになって墜ちていった。

さらに高度四千メートルに上昇したとき、はるかかなたに八つの点をみとめた。坂井は連続バンクで列機に合図しながら全速をかけた。敵は四機四機のピッタリ組んだ二つの編隊である。

敵はまだ気がついていない、これなら確実に二機ずつ喰える。二百、百、六十メートルと肉迫して、引き金を握った。その瞬間、

「あっ! しまった!」

思わず叫んだ。戦闘機と思っていたら、なんとSBD艦爆ドーントレスの編隊だったのだ。後部の銃座各二梃、八機あわせて十六梃の機銃が坂井にむかってぴたりと擬せられていた。

なんたる迂闊、みずからもとめて死中に飛び込んで

しまった。避けるに避けられない。絶体絶命！　相討ちだっ！　坂井は二十ミリ、七・七ミリの発射把柄を握りぱなしで、突っ込んでいった。

ガンガンガンッ！　敵弾があたった。同時に敵の二機が、バアーッと火焰を噴きあげた。

その瞬間、坂井機の遮風板が吹っ飛び、坂井も野球のバットで頭を一撃されたような感じがして、意識が遠のいていく。

高度百メートルでかろうじて機体の姿勢をたてなおした。エンジンは快調に回っている。それからの坂井は、頭部を撃たれてのはげしい出血、右目の負傷による視界不良、襲い来る睡魔と戦いながらも帰途につく。

強靭な精神力で、不安定な飛行をつづけること四時間半、奇跡的になんとかラバウルに帰りついた。

目の前に笹井中尉、中島隊長の顔、小園副長の声……みんなが「坂井！　坂井！」と連呼しながら、操縦席の坂井の肩を叩いていた。笹井中尉、中島隊長が坂井をかかえおろしてくれた。（二二頁写真参照）

「待ってください、報告します。指揮所へ連れて行ってください」

と頑張った。西沢と太田が、肩をかしてくれた。西沢がつぶやくように低い声でいっている。

「先任搭乗員、あんたは、自分じゃわからんかもしれんが、ひどい傷なんですぞ」

それでも、坂井はどうにか指揮所までたどりついた。二人にからだをささえてもらいながら、斎藤司令に報告をはじめた。

だがどうにもねむい。我慢できないほどねむい。どうにか被弾するあたりまでの状況を報告した。

「判った、判った、もうよろしい。早く医務室へゆけ！」

坂井の傷を案じて、中島少佐がどなるようにいった。

坂井はその後、十日ほどしてついにラバウルを去ることになった。笹井中尉をはじめ共に苦労した、幾多の戦友に別れをつげ、迎えの九七式大型飛行艇の乗客となった。まさに断腸の想いであった。さらばラバウル！

それでは検証にはいろう。まず八月七日の『編成調書』『行動調書』は次のようである。

8月7日、ガ島上空で被弾負傷、フラフラで帰投してきた坂井機を、吉田一カメラマンが夢中で撮影した一葉

自らも愛機も傷つき、睡魔に襲われ、意識朦朧として背面飛行中の坂井機を描いた鈴木御水画伯の絵

任務「ツラギ敵艦船攻撃　陸攻隊掩護（第一次）」

編成			消耗兵器	被害	効果
〈第一中隊〉					
第一小隊	1中島正	少佐	機銃弾×二七〇〇	無	
	2西沢広義	一飛曹		無	グラマン戦闘機×六撃墜
	3吉村啓作	一飛兵		無	グラマンfc×三撃墜 不確実二
第二小隊	1高塚寅一	飛曹長	機銃弾×二七〇〇	空中火災大破	グラマンfc×三撃墜 不確実一
	2山下貞雄	一飛曹		被弾四	グラマンfc×二協同撃墜
	3松木　進	二飛曹		無	グラマンfc×二撃墜 不確実一　協同一
〈第二中隊〉					
第一小隊	1河合四郎	大尉	機銃弾×三一一〇	無	グラマンfc×一撃墜
	2吉田素綱	一飛曹		行方不明	

	3山崎市郎平	二飛曹		無	グラマンfc×一撃墜 協同撃墜一
第二小隊	1大木芳男	一飛曹	脚不良引返す		
	2徳重宣男	二飛曹	機銃弾×二二一〇	無	グラマンfc×三撃墜　不確実一 双発中型機一撃墜
	3西浦国松	二飛曹		行方不明	
〈第三中隊〉					
第一小隊	1笹井醇一	中尉		無	グラマンfc×二撃墜　不確実一 協同撃墜一　SBC艦爆一撃墜
	2太田敏夫	一飛曹	機銃弾×二七〇〇	無	グラマンfc×二撃墜 協同撃墜二
	3遠藤桝秋	三飛曹		無	グラマンfc×一撃墜 SBC艦爆二撃墜
第二小隊	1坂井三郎	一飛曹		被弾三	グラマンfc×一協同撃墜 SBC艦爆二撃墜
	2柿本円次	二飛曹	機銃弾×二七〇〇	無	グラマンfc×一撃墜 SBC艦爆一撃墜

3羽藤一志　（三飛曹）　無　グラマンfc×二撃墜
協同撃墜二

0750　fc×一八　ラバウル基地発進
陸攻隊と合同
2N　1／2D脚不良引返す
1115　ツラギ港敵船団上空突入　中攻隊爆撃
1110　戦闘機隊ツラギ敵泊地上空に於てグラマン約二〇機
1210　SBC七機　双中型機一と交戦
2N　2／1D、2N　3／2D行方不明
1530　迄に「ラバウル」基地一一機　ブカ基地五機　着帰
効果　敵機数約七七　撃墜三六　不確実七　撃滅計四三機
被害　行方不明二　大破一　消耗三　被弾七

綜合評点　特

八月七日の早朝、ガダルカナル・ツラギ方面に敵船団多数来攻、上陸を開始せり、の急報が飛びこんだ。当初ラビ攻撃予定の四空陸攻隊二十七機を護衛する台南空零戦隊十八機は、突然、出撃直前に目標を変更された。

第一攻撃目標は敵機動部隊の空母であるが、その所在位置も不明、さらに魚雷でなく爆弾搭載のまま、おっとり刀で出撃した。

さらにそのあと出撃した二空の九九艦爆九機は、爆撃後、燃料なくなれば不時着せよの無茶な作戦だった。司令部の狼狽ぶりもわかるが、作戦指揮があまりにもお粗末である。二ヵ月前のミッドウェー海戦で爆装から雷装への転換が遅れて、その隙を狙われたのに懲りたわけでもあるまいが、あの時の寸刻をあらそう場合と今回は状況が違う。

結論からいえば、陸攻隊の命中弾はなく、まったく効果はなかった。かろうじて艦爆隊の爆弾（二百五十キロ）が駆逐艦と輸送船に各一発命中した。

陸攻は四機がグラマンに撃墜され、二機が不時着大破した。零戦隊は二機が未帰還、一機が着陸時大破した。艦爆隊は二機が撃墜され、残り七機は洋上に不時着したが、搭乗員が救助されたのは三機のみだった。

前哨戦、ラビの空戦

日本軍が陸路モレスビー攻略のためにブナに上陸したが、その同じ頃、ブナからわずか三百キロのニューギニア東南端ミルン湾のラビに米豪軍が、ひそかに上陸し飛行場を建設したのは、七月の末だった。

ジャングルと椰子林を切りひらき、ガーニと呼ばれた一号滑走路が完成したが、沼地に穴開き鉄板を敷きつめた急造の飛行場である。同時に豪州空軍の第七六飛行隊（76 Squadron）のＰ－40キティホークが、隊長ピーター・タウンビル少佐に率いられて進出した。

タウンビル少佐はそれまで第七五飛行隊の隊長として、モレスビー防衛に奮闘し、自身も三月二十二日、ラエ上空で零戦一機、四月十日にも零戦二機撃墜が公認されている。

彼はすでに欧州戦線で撃墜九機をはたしていたが、本国豪州防衛のために、部下とともに急遽駆けつけてきたものである。その後も台南空の零戦と死闘をまじえたが、八月二十七日、日本軍の地上部隊を攻撃中に地上に激突、戦死した。

（後任はキース・トラスコット少佐、最終撃墜数十四機、昭和十八年三月戦死）

ラビに敵が上陸し飛行場が新設されたことを、天候不良もあり日本側はまったく知らなかったが、八月三日の写真偵察によって、ようやく飛行場らしきものと上空に小型機二機を発見した。

そこで、翌八月四日、再度の強行偵察を実施した。九八陸偵一機（華広恵隆二飛曹操縦、長谷川亀市飛曹長偵察）を四機の零戦が掩護し、ラバウルを発進してラビに向かった。

零戦四機は腕達者な高塚寅一飛曹長、松木進二飛曹、太田敏夫一飛曹、遠藤桝秋三飛曹が選ばれた。

空中に敵影を見なかったが、飛行場にＰ－40三十数機を発見した。零戦四機はこれを地上銃撃し五機以上を炎上撃破した。このとき、突如、上空からＰ－40十一機にかぶられた。

まったく不利な態勢であったが、零戦四機は果敢に反撃し、見事にＰ－40五機撃墜（一機不確実）したが、分離した偵察機は「敵戦闘機二機と交戦中」の電文を最後に消息を絶った。

高塚飛曹長がＰ－40一機、松木二飛曹が一機（不確実）、太田一飛曹が二機、遠藤三飛曹が一機撃墜を報告した。

帰途、苦しい戦いで零戦隊はバラバラになり太田機がラエに、松木機、遠藤機はいっしょにガスマタに、高塚機は九八陸偵を捜索していたのか、四十分も遅れてガスマタに帰着している。いずれも被害はなく無事だった。

豪州側は、ガーニ飛行場に来襲した四機の零戦と一機の急降下爆撃機は、哨戒中の第七六飛行隊のキティホーク五機と遭遇し、爆撃機と零戦一機を撃墜した。味方は三機がダメージをうけたとのべている。

ガダル上空、Ｆ４Ｆとの対決

かくて、八月七日、天候も回復し、あらためて戦爆連合でラビ攻撃の予定となったが、ツラギに米軍上陸の急報で目標が変更になった。

坂井はすぐにまたラエに帰るものと思い、私物もそのまま置きっぱなしでラバウルへきて、このガダルカナル戦で負傷し、そのまま内地送還になるとは夢にも思わなかった。

残念なことには、出撃のときも肌身はなさず愛用していた、ライカで撮影した七百枚におよぶ貴重なフィルムをラエに置いてきたといい、その後、百方手をつくしたが皆目見当がつかなかったという。

七時五十分、指揮官中島少佐の率いる零戦十八機はラバウル飛行場を発進、同じころ山の上のヴナカナウ飛行場から、江川廉平大尉指揮の四空の一式陸攻二十七機も発進した。

坂井が陸攻の爆弾を確認しているように、爆弾倉の扉をはずしていれば外部から爆弾は見える。通常は二十五番(二五〇キロ)二発、六番(六十キロ)十発を搭載可能だが、今日は長距離進攻なので六番を二割程度減らしていたようだ。

高度をとりつつ前進、ショートランド島上空では高度四千メートル、ルッセル島上空では高度六千メートルに達した。

『編成調書』には明確な記載はないが、坂井がのべているように、制空隊が先行し格闘戦を演じていたとすれば、二中隊が制空、一中隊、笹井中尉指揮の三中隊が直掩だったのかもしれない。

が、米側資料によれば、同時に戦爆編隊が現われたようなのと零戦の機数が少ないので、制空隊はなかったのかもしれない。

陸攻隊はガダルカナル北岸のルンガ泊地の上陸船団を爆撃、護衛艦艇からの熾烈な対空砲火で陸攻一機が片発飛行になったが、全機が無事に左旋回で緩降下離脱した。

ルッセル島を過ぎて、直掩の零戦隊と分離する。このあとグラマン数機の攻撃をうけた。

このときの模様を、陸攻の偵察員として参加した小西良吉二飛曹は、

「(対空砲火の)弾幕はジャングルのように濃密だった。それを冒して投弾。——が、戦果は予期のとおりほとんどない。一、二隻に当たったようにも思えたが……。(その後)グラマンにも襲われた。いうまでもなく敵空母から発したものであろう。その結果、未帰還機は三機。結局、敵にだけ戦果を与えた戦いに終わった」

ガ島攻撃に向かう零戦二二型

米海軍の主力戦闘機グラマン F4F ヘルキャット

と述べている。

小西二飛曹は損害三機というが、じつは四機が撃墜され、二機が基地に着陸時大破している。残念ながら命中した爆弾はなかった。

一方、陸攻隊と別れた笹井中隊は満を持して敵地に引き返した。『大空のサムライ』では、ここで笹井中尉とともに零戦十七機が引き返したようになっているが、やはり制空隊は存在しなかったのではないだろうか。

いよいよ空戦開始。突如、上空よりグラマン数機の奇襲をうけて、編隊はブレークする。ふたたび集合したが、坂井の二番機柿本円次二飛曹、三番機羽藤三飛曹がいない。（『坂井三郎空戦記録』では米川二飛曹、羽鳥三飛曹機となっていた）

はるか下方、高度四、五百メートルのところで、零戦二機（『坂井三郎空戦記録』では零戦三機）が一機のグラマンに追いまわされているのが望見された。

「列機危うし」

高度四千メートルから一気に急降下し、味方機を追いまわすグラマンに、遠距離から腰だめで牽制《けんせい》の一撃をおくった。

グラマンはすぐに気づいて左旋回をパッと右旋回に切りかえると、いきおいあまってつんのめった坂井機の腹の下へぐーんと食い込んできた。いままで相手にしたことがない強敵で、坂井の得意の戦法を相手がとっている。

秘術をつくしたドッグファイトのすえに、坂井はようやくこのグラマンを撃墜するが、このようすはすでにのべた。それではこの強敵グラマンのパイロットは一体誰なのか？　大いに興味が湧くところだ。

が、実はこの人物はすでに特定されているのだ。

著名な歴史家・秦郁彦氏はアメリカの航空史家Ｊ・Ｂ・ルンドストロム氏の協力をえて、このグラマンパイロットならびに、坂井と相討ちになったＳＢＤ編隊のようすを調査し、『第二次大戦航空史話』（昭61　光風社）に発表している。

このパイロットは空母『サラトガ』の第五戦闘機隊（ＶＦ－５）の次席指揮官、ジェームス・Ｊ・サザランド・ジュニア大尉（James J. Southerland Jr.）であり、彼は一九三六年アナポリス海軍兵学校卒業、だいぶ年をくった三十一歳のベテランである。

彼は当日の手記を残していた。同誌より一部要約し引用する。

「八月七日は朝から二回の哨戒飛行に出て戻り、午後の出撃にそなえてサンドイッチとコーヒーの昼食をとっているところへ、緊急出動の命令がきた。日本軍の爆撃隊が接近中、との情報が入ったためである。

一二一五サザランドは部下七機をつれて発艦、サボ島上空の待機点に向かう。高度一二〇〇〇フィート（約四千メートル）で船団上空を哨戒中、断雲の間に一式陸攻とゼロ戦の大編隊を発見した。

高度は向こうが二〇〇〜三〇〇フィート高く不利な態勢だったが、サザランドは突撃を下令し、下方から第一編隊の陸攻を射ちあげながら突っこんでいった。

一機を仕止めたときは、すでに爆弾投下の最中だったが、陸攻の尾部銃座に射たれたのか、Ｆ４Ｆも風防ガラスが破れ、尾部から黒煙を噴き出した。サザランドはそれに屈せず、次の編隊に突入、別の機のエンジンを発火させたが、その途中ゼロ戦に奇襲された。

ゼロ戦は四機で連携しながら黒煙を引くサザランド機を押しつつみ、四方八方から攻撃してくる。彼はシートを下げ背当て鋼板のかげに身を丸めて、機をすべらせながら必死で射弾回避をこころみた。

入り乱れて戦っているとき、ゼロ戦の一機がのめり出て、サザランドはぴたりと後方についた。今だ！　と発射ボタンを押したが弾が出ない。機銃故障である。

そうなると惨めだった。回避動作もままならず、フラップ、無線機、計器板、バックミラーは破壊され、風防も破れて機体は穴だらけになった。タンクも穴があいて洩れたガソリンが足にながれる。それでもエンジンは好調で、背当て鋼板にはガンガン機銃弾が命中するが貫通しなかった。

空戦は五分もつづいただろうか。格闘中に高度はどんどん下がり、いつしかガ島西端部の丘の上四〇〇フィートに移動していた。

そこへ一機のゼロ戦が最後のとどめを刺すかのように、左後方から左翼部へ射弾を送り込み、機は爆発した。焔が全身をつつんだが、一瞬早くサザランドは身をおどらせて空中へ飛び出した」

ジャングルの中に降りたサザランドが、負傷の身を土人に助けられて米海兵師団の基地にたどりついたのは、四日後のことだった。サザランド編隊八機のうち、三機が帰還、三機が行方不明、残り二機が撃墜されたがパイロットは生還した。

坂井の記憶とサザランドの手記は細部では食い違うが、千変万化の空の戦いでは細部までピッタリ合うほうが珍しい。サザランドにまず間違いはないようだ。

しかし、ここでもあらためてF４Fの機体の頑丈さには目を見張るものがある。七・七ミリとはいえ、五十メートルの至近距離から二百発撃ち込んでも墜ちる気配がない。

坂井は後年、雑誌のインタビューなどで、たびたび語っている。

「私が格闘戦で使用したのは零戦の七・七ミリです。二十ミリは初速が遅く、弾体が重いのでションベン弾になって命中しない。それに二十ミリは一銃わずか六十発、三、四撃したら終わりです。また二十ミリと七・七ミリの弾道特性は大きくちがうから、当てるのがむつかしいのは当然です」

台南空から二〇四空へ移った島川正明二飛曹も、昭和十八年一月中旬、ガダル上空の空戦でのおなじような体験を自著に書いている。

味方船団上空で来襲した敵戦爆大編隊と激戦後、グラマンF4F四機が単縦陣で遁走していく。島川小隊が全速力で追尾し、最後尾の一機に二十ミリ弾がないので七・七ミリを撃ちこんだ。敵機は左右にのたうちながらも、編隊からはなれず、墜落しそうにもない。

さらに追尾すると先頭の敵指揮官機が宙返りをうち、機銃を発射して反撃にでた。かわりに列機が最後尾機を攻撃する。また先頭機が妨害する。

こんなことを二、三度繰り返したが、敵機は白煙をひきつつ、高度を下げてガダル上空へ遁走していった。

この戦いでグラマンF4Fの防御の堅固さ、七・七ミリでは効果が期待できないこと（特に浅い角度では）を思い知らされた。それと、米軍指揮官のすぐれた技能、危険をおかして列機を見殺しにしない勇敢な行動に、あらためて舌を巻いた。

零戦で開戦から終戦まで戦い抜いた、エースの角田和男氏（乙5）に話をきいたことがある。

「二十ミリを当てるには、百メートル以内に接近することです。この距離での二十ミリの威力は絶大で、一撃でグラマンの翼がバラバラに分解し撃墜したことがあります」

なお、角田氏の二空時代の愛機Q－102（零戦三二型「報国－870」号）は昭和十七年八月二十六日、発進直前に多数のP－39にかぶられ、劣位からの空戦で被弾十三発の損傷をうけブナに放置された。

のち米軍に接収されて復元され、各種の飛行テスト

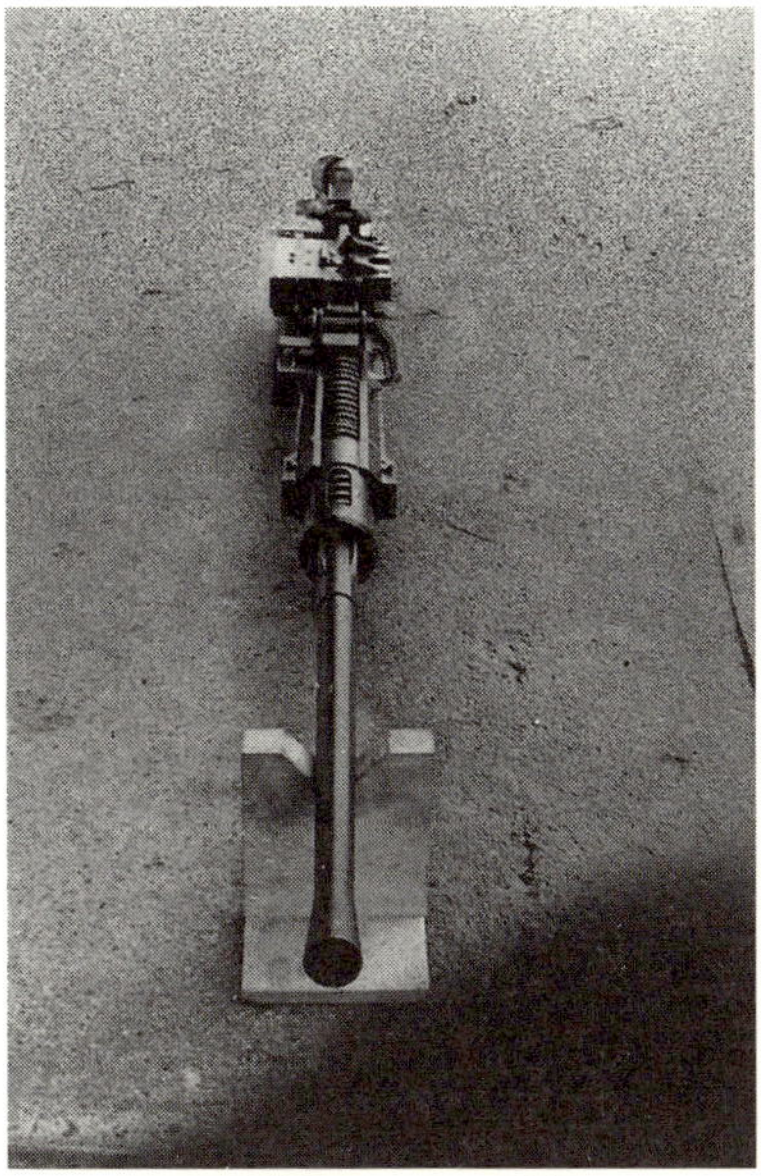

零戦搭載用の20ミリ機銃

をうけた。そのときの状況については、

「ブナには整備員がいなかったので、簡単な故障も修理できなかったのです。戦後、米軍に鹵獲されてテストされたことをきき、非常に複雑な思いがしました」

と、律儀な同氏は申し訳なさそうに話された。

しかし、敵戦闘機を百メートル以内に追いつめるのはベテランのみに可能で、新米搭乗員には無理な話である。どうしても新米は遠くから無駄な追い撃ちして、弾は後落し、二十ミリは全然当たらないということになる。

また、島川二飛曹でさえも、二十ミリの無駄弾が多いと隊長小福田大尉から叱責をうけている。

『行動調書』には各機の消費機銃弾の数量を記入する欄があるが、これは何のためだろうか。

一発も発射しないで帰った場合は戦闘意欲ゼロ、消費弾量が多すぎるのも無駄使いで査定はマイナス。特に高価な二十ミリ弾は大切にせよ、といういかにも貧しい日本らしい発想ではないだろうか。

事実、高価な二十ミリ弾は訓練では一度も使用せず、実戦のみで初めて使用をゆるされたという搭乗員が多かった。

（幕末「桜田門外の変」で水戸浪士の襲撃をうけ、井伊大老は首を持ち去られた。大老を護衛できなかった彦根藩士のうち、刀を抜かなかった者は、もちろん、抜いても自身無傷だった武士は、切腹を申しつけられるという過酷な処置があった。この発想となにか相通ずるものがある）

この日の空の戦いを、坂井一飛曹とサザランド大尉の空戦を中心に、もう一度まとめてみよう。

八月七日の早朝、ガダルカナル・ツラギ反攻の「ウオッチ・タワー（見張り塔）作戦」は、フランク・J・フレッチャー中将指揮、米海軍第六一任務部隊の空母『サラトガ』『エンタープライズ』『ワスプ』の航空支援のもとに、第一海兵師団が上陸を開始した。

七月初めから飛行場の設営に着手した日本軍は、八月五日には滑走路や施設はほぼ完成した。一週間後には航空部隊も進出の予定だった。

一方、この報に接した山田定義少将指揮のラバウル在第五空襲部隊（通称〝山定部隊〟）は、全力をあげて敵空母を叩くため、四空の陸攻二十七機、護衛の台南空零戦十八機を、おっ取り刀で発進させた。

この編隊は、途中ブーゲンビル島のコースト・ウオッチャー(沿岸監視員)によって、午前八時四十五分、いち早く通報された。さらにツラギ到達前に重巡「シカゴ」のレーダーが探知、同艦の戦闘指揮班が三空母のF4F戦闘機隊を指揮し、計六十二機が日本機を邀撃した。

『ワスプ』はこの年の春まで地中海方面の作戦に参加し、マルタ島へスピットファイアを二回緊急輸送したが、太平洋では実戦経験がなく、第七一戦闘飛行隊(VF-71、F4F搭載機数二十九機)は機動部隊の護衛。迎撃の主体は『サラトガ』第五戦闘飛行隊(VF-5、搭載数三十四機)、『エンタープライズ』第六戦闘飛行隊(VF-6、搭載数三十六機)のF4Fだった。

この迎撃戦は不手際つづきだった。

当初から在空のF4Fの機数が少なく、急いで発進した一編隊などは、誘導ミスで遠くの戦闘圏外の空域にいき空戦に参加できず、在空機編隊も上空より零戦に襲われて各個撃破されてしまった。

ホームグランドの有利な邀撃戦にもかかわらず、空戦でF4Fは十一機が撃墜され、各種原因で六機が消耗し、ほかに多数の被弾機があった。

パイロットは六名が失われただけだが、一日の損失としては、過去最悪の結果となってしまった。なお『ワスプ』のSBDドーントレスも一機失われている。(詳細は後述)

なかでも八機のうち五機が零戦に撃墜され、わずか三機しか帰艦しなかったサザランド中隊(スカーレット2、スカーレット8小隊)がもっとも苦戦を強いられたわけだ。生還者はF4Fの頑丈な機体を評価したが、零戦を倒すには速度があと七十五ノット(一三八キロ/時)欲しいといった。

米側はサザランド自身の陸攻二機撃墜を筆頭に、八機の陸攻と一機の零戦撃墜を主張(ほかに陸攻二機不確実、三機撃破。零戦四機撃破と主張)。さらに午後の九九艦爆の攻撃で五機を撃墜したが、この日の邀撃戦はあきらかに失敗だったと認めている。

陸攻八機、九九艦爆五機撃墜はオーバーだが、零戦一機撃墜は珍しく控え目になっている。やはり零戦との空戦は完敗だったということだろう。

空戦による日本側の損失は陸攻四機、零戦二機、九九艦爆二機が撃墜されている。

坂井は「帰らざる零戦は二機・吉田素綱一飛曹（操44）西浦国松二飛曹（甲4）、その最後は誰もみたものがいない」と述べている。

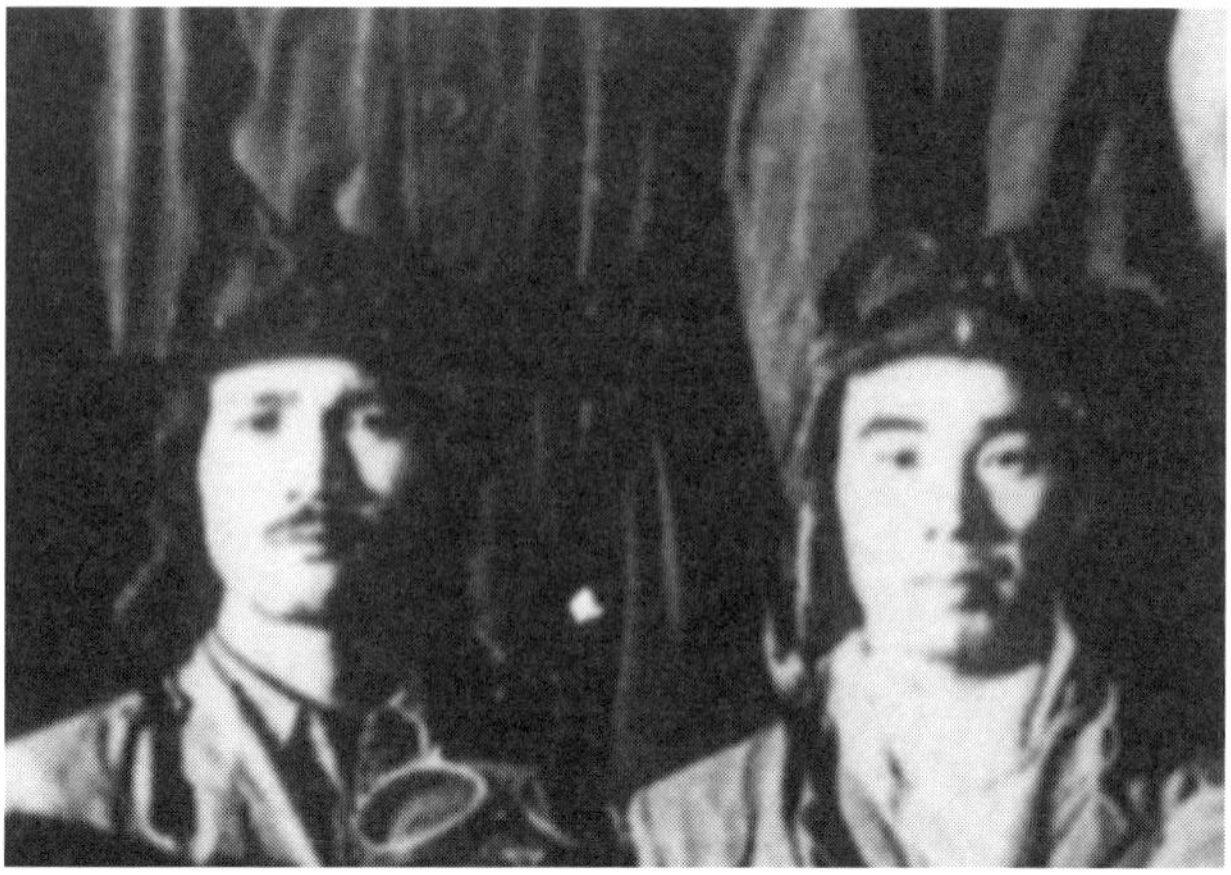

上は吉田素綱一飛曹（左）と坂井一飛曹。下写真はSBDドーントレス爆撃機

吉田素綱一飛曹は大正七年、岡山県の出身、昭和十年六月、呉海兵団に入団、一兵卒の機関兵から出発したベテラン。十四年一月、四十四期操練を卒業して、大村空をへて、同年九月、十二空付として中支戦線に出動した。

昭和十七年二月、ラバウルの四空戦闘機隊に配属となり、さらに四月、台南空に転属、河合四郎大尉の二番機として連日のモレスビー攻撃に参加し、老練らしく着実に戦果をあげた。

ラバウル時代の個人撃墜は、確実十二機、不確実一機、共同撃墜三機が公認されている。

台南空の零戦隊は初対決の宿敵グラマンF4Fを圧倒した。西沢一飛曹の六機を筆頭に、高塚飛曹長、徳重二飛曹、吉村一飛兵が各三機など、指揮官中島少佐を除く全員がF4F撃墜を記録した。

しかし、『行動調書』のF4F撃墜三十機、SBC艦爆五機、中型一機、確実撃墜三十六機。F4F不確実撃墜七機、撃滅計四十三機はかなりオーバーな数字である。

(SBCはSBDの誤り、SB2Cヘルダイヴァー艦爆はSBDドーントレスの後継機だが、昭和十八年十一月のラバウル攻撃が初登場)

実際に空戦で失われたF4Fは十一機だから、三倍近くにふくらんでいるが、それでも、零戦が有利に戦ったのは事実である。

この時点ではサッチ・ウイーブ(二機がバリカン運動をする)、一撃離脱など零戦に対する戦法が確立されていなかったので、零戦との格闘戦につい巻き込まれてしまったからだろう。

以後のガダル戦でF4F(F4F－4)は、頑丈な機体、優秀な防弾性能、長射程のブローニング十三ミリ機銃の特性をいかし、得意の正面攻撃から一撃離脱戦法に徹して、軽快だが脆弱な機体の零戦を圧倒する。

F4Fは熊蜂のような不細工な格好から、また、兄貴分のF6Fヘルキャットの活躍のかげにかくれて、かなり不当な評価をうけているようだ。

またフライト・シミュレーター・ゲームの話になって恐縮だが、筆者がグラマンF4Fに搭乗し、零戦二一型のエース編隊を迎撃してみた。場所はもちろんガダル上空だ。会話は英語になり臨場感が高まる。

長射程の十三ミリの機銃の特性をいかして、六百メートル先からの先制ヘッド・オン(正面攻撃)で零戦の編隊を蹴散らし、遠距離見込み角射撃で先制攻撃の弾幕をはり零戦を捕捉する。

十三ミリ六門の威力はすさまじく、脆弱な零戦の機体はバラバラになり火焔につつまれる。ゲームとはいえあまりいい感じはしない。

したがって、F4Fに搭乗すれば、むつかしい「左捻りこみ」、インメルマンターンなどの高等格闘技術も必要なく、スプリットS、スローロール程度の技術を少し練習すれば、ド素人でもゼロのエース相手に実に楽に戦えるのだ。

それと、F4Fの旋回性能は意外にいい。アメリカの戦闘機ではもっともいいのではないか。

不細工な格好さえ我慢すれば、機体は頑丈で被弾しても発火しない。VMF－121のジョセフ・フォス大尉（二十六機撃墜）も十月十日の初空戦では二百五十発以上被弾して、零戦に痛めつけられたがなんとかヘンダーソン基地にすべりこんでいる。

さらに機内電話やIFF（敵味方識別装置）も装備されている。F4Fならば零戦相手でも戦えるし、ゲームではF6FやF4Uを相手でも十分に勝利できるすぐれた機体である。

（F4Fの十三ミリ六門の一斉射撃でF6Fが火ダルマになるのは、実に痛快で病みつきになる）

たかがゲームとはいえ、このF4F×零戦の異種格闘技の体験で、のちにガダル上空で笹井中尉、高塚飛曹長、太田一飛曹らの台南空のエースたちが、無念にもつぎつぎとF4Fに喰われた理由の一端が理解できたような気がする。

坂井対SBD艦爆の戦い

坂井はサザランドのF4Fを撃墜し、その後、不意討ちをくらったSBDを追跡して撃墜するが、その機は空母『ワスプ』第七一偵察飛行隊のダドレイ・アダムス大尉機で、後席銃手が死亡している。と、『第二次大戦航空史話』『第二次大戦のSBDドーントレス』など他書には記されている。

じつは、この日失われたSBDはアダムス機ただ一機のみだった。

『行動調書』によれば、坂井一飛曹が二機撃墜、遠藤桝秋三飛曹が二機撃墜、柿本円次二飛曹が一機撃墜と記されている。坂井の二機はこのあとの相討ちになったSBDで、途中のSBDは撃墜を確認する暇もなく報告しなかったと思われる。

アダムス機を誰が撃墜したかは疑問に感じるところだが、先の航空史家J・B・リンドストロム氏の研究によって、時間、場所らからアダムス機撃墜は坂井一飛曹と特定されたのである。

このあと坂井はF4F八機編隊を発見、六時の方向から接敵し攻撃を開始、柿本二飛曹もこれに続いた。が、F4FではなくSBDドーントレスだった。S

ＢＤの七・六二ミリ連装機銃十六梃の一斉射撃で坂井機は被弾、重傷を負った。

空母『エンタープライズ』のカール・ホーレンバーガー大尉が率いる第六爆撃飛行隊（ＶＢ－６）六機と第五偵察飛行隊（ＶＳ－５）二機のドーントレス八機編隊は、爆撃命令を待ってツラギ南西五浬、高度七八〇〇フィートを旋回していた。

後部銃手たちは接近してくる零戦小隊に気づき、先に射撃を開始した。

先頭の零戦（坂井機）は風防が爆発、煙を吹いて垂直に落下した。二機目の零戦（柿本二飛曹）は後下方から射ってきて、ギブソン少尉機とショー少尉機が被弾したが、深追いしてこなかったので雲に入って振り切り、全機無事に帰還した。

ショー少尉機の後部銃手ハロルド・ジョーンズ二等兵曹と坂井は一九八三年五月、ロスのヘンリー・サカイダ邸（航空史家）で再会した。ジョーンズは坂井機を撃墜と報告したが、自身のＳＢＤも数十発の被弾があったという。

坂井機は相討ちで二機、柿本機も一機を撃墜したと報告しているが、いずれも墜落した機はなかったことになる。

これはＦ４ＦよりさらにＳＢＤがタフな証拠だが、真後ろから接敵した坂井とは違い、死角の後下方から攻撃した柿本二飛曹は、ＳＢＤと気がついていたようだ。

元気者の柿本円次二飛曹は明くる八日にもガダル攻撃に参加し、その後も連日の出撃に健闘するが、八月二十七日のラビ攻撃で行方不明となった。

豪州側の資料にはこの日、Ｂ－26マローダー編隊を

ハロルド・ジョーンズ二等兵曹

零戦一個中隊が迎撃した。Ｂ－26一機が撃墜されたが零戦一機も撃墜されて海岸近くに着水し、脱出したパイロットが翼につかまっていた。

他の零戦二機がこの機を破壊するために急降下して銃撃した。この銃撃の最中に豪州第七五飛行隊のＰ－40編隊が見つけ、隊長Ｄ・ジャクソン少佐とリデル軍曹が零戦二機をそれぞれ撃墜した。

（この日、台南空は指揮官山下丈二大尉以下、山下貞雄一飛曹、柿本円次二飛曹、二宮喜八一飛兵の四機が未帰還になっている）

海中に不時着した零戦パイロットは無事だったが、豪州軍の捕虜になった。彼は本名を明かさなかったが、これが柿本二飛曹だったと思われる。

彼はその後、豪州シドニー近郊カウラ捕虜収容所に送られたが、昭和十九年八月五日の捕虜収容所の蜂起「カウラ突撃」に参加し死亡した。

柿本は収容所内では班長として、キャンプ楽団のリーダーとして、また強硬派の指導者としても活躍し、その最後も立派であったという。


この八月七日の空の戦いを詳しく調査し、詳述された労作が『ガダルカナル・キャンペーン』（Gadalcanal CanPaign, 1995, Naval Institute Press）で、著者はアメリカの著名な航空史家ジョン・Ｂ・ランドストロム（John B Lundstrome）である。

同書は、アメリカ海軍戦闘機隊の一九四二年八月から十一月までの戦いを記述した第二巻で、第一巻『THE FIRST TEAM』（真珠湾からミッドウェーまで）はすでに出版されている。

第二巻もＡ４判、六百余ページの大冊で、八月七日の戦いだけでも、細かい字でギッシリ三十ページにわたって説明がある。日米のあらゆる戦闘記録、資料を収集し、現段階では、いや、今後ともこれ以上詳細なレポートは存在しないと思われる。

坂井Ｖｓサザランドの項目もあり、いままでの類書にあきたらず、もっと深く詳細に知りたい方には、お読みなられることをお勧めする。

たとえば、サザランドに追いまわされていた三機の零戦は、柿本二飛曹、羽藤三飛曹のほかに山崎市郎平三飛曹（操54）であるなどの記述もある。

『大空のサムライ』を読んだときも、三千五百メートル下の空戦で零戦がF4Fに追いかけ回されていると分かるのだろうか。ただ巴戦をやっていただけではないのか、と感じたものである。

柿本、羽藤、山崎も若年とはいえ、空戦技量はかなりのもので、ベテランの多い台南空の中でもいずれもエース級の腕前である。現にこの日も、三人それぞれがグラマン撃墜を報告している。

空戦は〝二兎を追うもの一兎も得ず〟の諺のとおりである。

敵機に追われたら左右にブレークする、その瞬間どちらを追うかの咄嗟《とっさ》の判断力が、とくに、単機で戦うことが多い戦闘機パイロットには要求される。

三機の零戦が一機のF4Fに追われていたとは考えられにくい記述もある。どうしてここまで判るのか、あまり詳細すぎるのもかえって疑問が残る。

アメリカ軍は零戦に追われた場合、ヒラリと急降下して高速で逃げる一手だった。

零戦は機体強度の関係で追従できないし、またダイブする敵機には照準は合わせにくい。坂井のような名人でもダイブして逃げる敵機に射弾が命中したことがない、といっている。

もっと緊急の射弾回避の方法は、とっさにスティックを前に押せ、これが究極の回避法だとアメリカ軍のマニュアルにあるが、高度が低くては無理な話だ。

この方法はプッシュ・オーバーといって、近代戦のジェット機同士のドッグファイトでも有効な射弾回避方法である。(服部省吾『操縦のはなし』)

また、『ガダルカナル・キャンペーン』では同じく迎撃した空母エンタープライズの第六戦闘飛行隊(VF－6)、レッド5小隊のトマス・W・ローデス少尉が零戦一機撃墜を報告している。

彼が吉田素綱一飛曹を撃墜したと考えられるが、吉田の列機との乱戦で射たれた同機のコックピット付近の弾痕(七・七ミリ)の残った貴重な写真もある。

筆者はこれまでも、誰が誰に撃墜されたのか、その最後を特定する努力をつづけてきた。それが白木の箱に遺骨や遺品さえもなく、遺族のもとに一片の紙切れのみで知らされた、彼ら搭乗員にたいするささやかな供養だと思っている。また、なにも知らない遺族にその最後の様子を伝えて、喜ばれたことも度々《たびたび》ある。戦争後半の大編隊、大乱戦での特定はまず不可能だが、初戦のころや偵察機、飛行艇など少数機での行動は、内外の資料を収集する努力をすれば、かなり特定は可能である。

また、幕末の話で恐縮だが、歴史作家、子母沢寛の名著に新選組のバイブルともいわれる『新選組始末記』がある。

一例をあげると、元治元年(一八六四年)六月五日、有名な「池田屋事件」で、局長近藤勇がまっさきに階段をかけ登り、出会い頭に土佐の北添吉磨を斬り下ろした。(映画やTVでドドッと階段から転げ落ちる例のシーンだ)長州の吉田稔麿は天才剣士沖田総司と対決したが、子供扱いにされて、斃されてしまった、などなどの記述がある。

ところが、後世の史家がクレームをつけた。暗夜の室内、しかも顔も知らない者同士の乱闘で、どうして誰が誰を斬ったと判るのか。したがって『新選組始末記』はかなりフィクションである、という説が大勢を支配したことがあった。

ところが、その後の調査研究で池田屋事件の夜は祇園祭の宵山で、街路は提灯で明るかった(月齢は四・五)。しかも屋内には八間の灯り(大型の吊り行灯)がぶら下がり、室内を明るく照らしていた。また、所司代桑名藩が詳細な実況検分や死体の検視をおこなっており、浪士たちの手配書も存在する。

これらの事実から、誰が誰を斬ったのか特定は可能ではないか……という方向に変わってきた。歴史はたえず進化している、だから歴史はおもしろいのである。

歴史にたずさわる一人として、新発見の歴史資料は個人の私有物ではなく、人類の共有財産であり、有効なかたちで後世に伝えるべきものと考える。

百四十年前の幕末資料でも常にどこかで新しい発見があり、そのたびに再検証され歴史は進化し、より真実に近づいていく。

航空史においても、とくに六十数年前の第二次大戦にかんしては、まだまだ多数の未知の資料が人知れず眠っていると思われる。

サザランド中隊と大尉のその後

日本の戦爆連合の大編隊に真っ先に突入し、台南空の零戦隊と死闘を演じたサザランド中隊の編成はつぎのとおり。（『ガダルカナル・キャンペーン』より）

〈スカーレット2小隊〉

1ジェームス・J・サザランド大尉 三〇歳
　被撃墜　爆撃機二機撃墜

2ロバート・L・プライス少尉 二三歳　行方不明

3チャールス・A・タブラー中尉 二六歳
　行方不明

4ドナルド・A・イニス少尉 二六歳　被害無
　零戦一機撃破

〈スカーレット8小隊〉

1ハーバート・S・ブラウン大尉 二四歳　被害無
　零戦一機撃破

2フォスター・J・ブライア少尉 二二歳　被害無
　爆撃機一機撃破

3ウイリアム・M・ホルト大尉 二四歳　行方不明

4ジョセフ・R・ダリ少尉 二四歳　被撃墜
　爆撃機二機撃墜

陸攻四機撃墜、一機撃破、零戦二機撃破を報告しているが、F4F八機のうち行方不明もいれて五機が撃墜され、無事空母に帰艦できたのは、わずか三機であった。

坂井一飛曹に撃墜されたサザランド大尉について、もう少し詳しく説明しよう。

彼は一九一一年十月二十八日、ペンシルベニア州に生まれる。一九三〇年に海軍にはいり、三一年海軍兵学校に入校、三六年に卒業し少尉に任官する（日本の海兵六十二期に相当か）。

その後、三年間は戦艦テキサス、ニューヨークに乗艦し海上勤務につく。一九三九年二月から飛行訓練をおこない、四〇年二月より第五戦闘飛行隊（VF－5）に配属される。

開戦後の一九四二年一月より同隊の飛行隊長（次席指揮官）となるが、一月十一日、空母サラトガがオアフ島沖で伊六潜の雷撃をうけ損傷。八月七日のガダルカナル侵攻が、サラトガと同飛行隊ならびにサザランド大尉の実戦初参加となった。

この戦いで一式陸攻を二機撃墜したが、自身も坂井機に撃墜され負傷する。

その後、マイアミの飛行訓練所の教官をつとめたが、一九四四年四月、新設の第八三戦闘飛行隊（VF－83）の飛行隊長（中佐）として、F6Fヘルキャットに乗り再度の実戦に参加する。

その間、東京空襲、一九四五年三月十九日の呉空襲にも参加したが、一九四五年四月六日、空母エセックスから発艦し奄美大島上空で飛燕二機を撃墜する。その後、第二三戦闘飛行隊（VF－23）の飛行隊長（空母ラングレー?）となり、さらに四月二十九日、喜界ヶ島上空で零戦一機を撃墜し、計五機撃墜で待望のエースの仲間入りをする。

戦後も海軍に在籍したが一九四九年十月十二日、フロリダ州ジャクソンビルで夜間の離陸事故で死亡した。このときの乗機はF4U－4コルセア戦闘機だった。総飛行時間は二千四百六十三時間が記録されている。


戦功によりDFC（殊勲十字章）を二回授与されており、写真を見るかぎり、いかにもヤンキーらしい大男でタフな面構えだが、坂井のいうような黒部西瓜のような顔ではない。

参考として、宿敵F4Fと零戦の要目を比較しておく。アメリカ戦闘機の中ではもっとも似通った機体であることがよくわかる。

それにしても、零戦二一型の上昇力はすばらしい。

《F4F－4》

エンジン	P&W、R一八三〇　空冷星型一四気筒
離昇出力	一二〇〇馬力
全幅	一一・五八メートル
全長	八・七六メートル
翼面積	二四・一五平方メートル
自重	二六一二キロ
全備重量	三三五九キロ

翼面荷重　一三九・一キロ／メートル
馬力荷重　二・七キロ／馬力
最大速度　五一二キロ／時（五九〇〇メートル）
着艦速度　一二六キロ／時
海面上昇率　五九四メートル／分
実用上昇限度　一〇三六五メートル
航続距離（通常）　一四六五キロ
武装　一二・七ミリ×六（弾数各二四〇発）

《零戦二一型》

エンジン　中島、栄一二型　空冷星型一四気筒
離昇出力　九四〇馬力
全幅　一二・〇〇メートル
全長　九・一〇メートル
翼面積　二二・四〇平方メートル
自重　一六八〇キロ
全備重量　二四一〇キロ
翼面荷重　一〇七・六キロ／メートル
馬力荷重　二・六キロ／馬力
最大速度　五三三キロ／時（四五〇〇メートル）
着艦速度　一一九キロ／時
海面上昇率　一三七〇メートル／分
実用上昇限度　一〇〇〇〇メートル
航続距離（通常）　二四五〇キロ
武装　七・七ミリ×二（弾数各五〇〇発）
　二〇・〇ミリ×二（弾数各六〇発）

最後にまたコンバット・フライト・シミュレーションの話で恐縮だが、いままでは「クイック・コンバット」のみの話だった。これとはべつに各種の歴史的な戦いに参加できる「シングルミッション」がよく出来ており、おもしろい日米のミッションを体験できる。

杉田庄一上飛曹

アメリカ側は陸軍第一位のR・ボング（四十機撃墜）、T・マクガイア（三十八機）。海軍では一位のD・マッキャンベル（三十四機）、E・オヘア（十二機）。海兵隊では一位のG・ボイントン（二十八機）、J・フォス（二十六機）、M・カール（十八・五機）らの代表的なミッションがある。

日本側は武藤金義飛曹長（二十八機撃墜）の本土上空紫電改とF6Fの戦い、杉田庄一上飛曹（三十数機撃墜）のルッセル島上空、零戦対F4Uのミッションがある。

八月七日のガダルカナルの空戦ももちろんあり、坂井、笹井、西沢のミッションが用意されている。坂井、笹井のミッションは容易にクリアできるが、この中でもっとも困難なのは、敵六機を撃墜した西沢のミッションである。

なにしろ出現するF4Fは十〜十二機、味方の零戦も六〜八機がおり、モタモタしてると六機を撃墜するまえに味方に手出しされて、ゲームオーバーになる。

高度三千メートル、距離六千メートル、十時の方向からF4F編隊は出現する。敵が味方陸攻編隊に突っかかるまえに先制攻撃をかける。切り返して手近のF4Fから血祭りに挙げる。

とにかく時間がないので、失敗はゆるされない。肉迫してかならず一撃で墜とし、次の敵機をねらう。ミスして二撃、三撃している暇はない。が、あまり肉迫すると、墜とした敵機と衝突してご愁傷さまになる。（画面に年老いた両親が登場して、ご子息は戦死されました云々の文字がでる）

実戦は一回きりしかない。この状態で初対決の宿敵グラマンF4Fを六機も撃墜したと報告した西沢（八十八機撃墜）は、やはり偉大な超エースだとあらためて痛感した。

中島少佐の手記によれば、この日、F4Fと一戦したのち敵影を見なくなったので集合を命じた。近くにあらわれた二番機の西沢機の胴体下部にベットリと潤滑油が流れている。潤滑油がなくなればエンジンは焼き付いてしまう。

手先信号で「単機で至急ラバウルに帰れ」と伝えたが、西沢は首をかしげてニヤニヤ笑っている。ふたたび敵グラマンが十数機あらわれ、西沢はじめ零戦隊はこれにむかって突撃していった。

乱戦のうちに敵味方とも一機も見えなくなり、やむなく西沢のことを心配しながら、単機で帰途についた。ラバウルに着くと列機はすでに半分以上帰っていて、西沢も出迎え、

「どうせ帰れぬものなら、敵機を落とすだけ落として自爆しようと思っていたが、敵がいなくなってぶつかる物がないので、しかたなく帰ってきました」とニコニコしながら答えた。中島少佐は思わず大きな声で、

「馬鹿野郎！」

と、しかったものである。西沢機が欲張って（?）六機も撃墜したうらには、自爆を決意した捨て身の覚悟があったのである。

⑵大空に散ったエースたち
――笹井、太田、西沢の最後

笹井醇一中尉の最後

八月七日に坂井一飛曹が負傷し、ラバウルを去ったのちも、笹井中尉は台南空中隊長として戦いをつづけた。戦死する二十六日までの主要攻撃参加を列挙すると、次のようであった。

八月　九日：ツラギ船団攻撃陸攻隊掩護
　　指揮官河合大尉　零戦×一五
☆十一日：ラビ飛行場攻撃
　　指揮官中島少佐　零戦×一八

二空零戦×九

十七日：モレスビー攻撃陸攻隊掩護

指揮官稲野大尉　零戦×一二

☆二十一日：ガダル攻撃陸攻隊掩護

指揮官河合大尉　零戦×一三

二十三日：ガダル攻撃陸攻隊掩護

指揮官河合大尉　零戦×一三

二十五日：ガダル攻撃陸攻隊掩護

指揮官河合大尉　零戦×一二

☆二十六日：ガダル攻撃陸攻隊掩護

指揮官笹井中尉　零戦×九

☆激しい空戦の行われた日

八月十一日は東部ニューギニアのラビに新設された敵飛行場（米側呼称ガーニー飛行場）を攻撃する四空陸攻隊二十一機の掩護に出撃したが、陸攻は密雲のために爆撃せず引き返した。中島少佐率いる第一中隊もこ

基地員に見送られてラバウル基地を発進、ガ島攻撃に向かう一式陸攻。左には零戦の列線が見える

れを掩護して引き返した。

笹井中尉は第二中隊の零戦五機（米川二飛曹、羽藤三飛曹、太田一飛曹、松木二飛曹、遠藤三飛曹）を率いて雲下に突入、要撃に舞い上がってきた圧倒的多数の敵P－40と激しい空戦となった。

数では不利だったが、味方は元気のいい精鋭ぞろい、一歩もひかず逆に敵機を圧倒した。約三十分間の空戦の結果、笹井中尉の三機撃墜（うち一機不確実、一機協同）を筆頭に、各自が一～二機の計九機撃墜と二機不確実撃墜を報告した。

味方は米川二飛曹が被弾し洋上不時着（のち救助）、遠藤三飛曹が被弾一発で腕に負傷したのみだった。

この日迎撃したのは、ガーニー飛行場に展開したばかりのRAAF（豪州空軍）第七六飛行隊のP－40戦闘機二十二機で、P－40四機が撃墜されたが零戦四機撃墜を主張している。

味方は米川機の不時着一機のみなので、台南空会心の勝利だったのは間違いない。

二十一日のガダル攻撃では、要撃してきたグラマンF4F十三機と激しい空戦を行ない、八機撃墜（うち

二機不確実）と報告したが、味方は全機無事だった。

この日、笹井中尉は戦果を挙げていないが、三番機の羽藤三飛曹は大活躍し、単機よく敵四機（うち協同一機、不確実一機）を葬っている。陸攻隊にも被害はなかった。

前日、ガダルカナルに到着したばかりの第二二三海兵戦闘飛行隊（VMF－223）F4Fが、隊長ジョン・スミス大尉（最終撃墜数十九機）の指揮で初迎撃し、隊長自身の一機をふくめて零戦三機撃墜を主張しているが、いずれも幻の戦果だ。

米側も数機が被弾したが、失われたF4Fは一機のみ、ほかにSBDドーントレス一機が（事故で？）失われた。

〈任務〉ガダルカナル攻撃・攻撃隊掩護

第一小隊

1	笹井醇一中尉	未帰還	
2	大木芳男一飛曹	被弾×三	グラマンfc×一撃墜　グラマンfc×一協同撃墜
3	羽藤一志二飛曹		グラマンfc×一撃墜

さらにガダル攻撃はつづき、二十三日は敵影を認めず、二十五日は敵五機を認めたが空戦にはならなかった。そして翌二十六日、運命の日をむかえる。

この日もガダル攻撃の陸攻隊を掩護し、笹井中尉率いる零戦九機がラバウル基地を飛び立った。陸攻隊は木更津空八機と三沢空八機の計十八機。掩護の零戦が九機とは少ないが、その前二回の攻撃で、いずれも敵機の迎撃がなかったので安心していたようだ。

が、その楽観が裏目にでて、この日は満を持していたF4F戦闘機隊の強力な迎撃をうけて、戦爆ともに甚大な損害をだす。

『行動調書』によれば、八月二十六日の編成と行動経過はつぎのようになっている。

第二小隊
1　結城国輔中尉　未帰還
2　石川清治二飛曹　グラマンfc×一撃墜
3　熊谷賢一三飛曹　未帰還
第三小隊
1　高塚寅一飛曹長　グラマンfc×一撃墜　グラマンfc×一撃墜不確実
2　松木進二飛曹　グラマンfc×二撃墜
3　吉村啓作一飛兵　グラマンfc×二撃墜

0643　fc×九　ラバウル基地発進　陸攻隊と合同
1010　ガダルカナル上空攻撃隊爆撃、敵戦闘機グラマン約十五機と空戦
1100　fc×六　帰途につく
1100　fc×二　ブカ不時着　補給のうえ帰着
1445　迄にfc×六　ラバウル基地帰着

総合評点　特

この日迎撃したのは第二二三海兵戦闘飛行隊（VMF-223）のグラマンF4F十二機で、一隊はジョン・L・スミス大尉が率い、もう一隊はマリオン・E・カール大尉（最終撃墜数十八・五機）が率いていた。

零戦とのケンカはさけて上空から陸攻隊をねらって攻撃し、スミス大尉の二機撃墜をふくめて大量の十三機撃墜と報告している。

これはかなりオーバーな数字で、ガダル上空では二

機が撃墜され、帰途に一機が不時着、さらに指揮官中村友男大尉機がブカ島基地に不時着大破したが乗員は無事で、計四機がうしなわれた。

爆撃効果は甚大で、大量の航空燃料が炎上、滑走路と数機の航空機が破壊されたという。

その後、護衛の零戦との激しい空戦となったが、カール大尉の二機撃墜をふくめて零戦五機撃墜と主張し、頑丈なF4Fは数機が被弾したが、失われたのは一機のみだった。（乗員は戦死）

状況からみて、笹井中尉を撃墜したのはマリオン・E・カール大尉と考えられる。

同大尉は一九一五年十一月オレゴン生まれ、このとき二十六歳。VMF－121と交代する十月中旬まで、零戦七機をふくむ十五・五機を撃墜、前線視察にきたニミッツ提督から海軍十字章を授与され、少佐に特別進級した。

その後もF4Uコルセアで二機撃墜、計十八・五機撃墜のエース（海兵隊五位）となり、戦後ジェット機に転じ、少将で退役している。

この日、未帰還となった笹井醇一中尉は大正七年八月二十六日、東京生まれの二十五歳。（奇しくも誕生日が戦死日）戦死直前の家族への手紙では撃墜五十四機、まもなくリヒトホーヘン（第一次大戦最高、ドイツの撃墜王）の八十機をこえると予告していたが、公認記録としては二十七機となっている。が、海兵出身士官のトップエースには間違いない。

戦死後、二階級特進の栄誉をうけ、海軍少佐に任じられた。坂井には半年間知らされなかったが、それを聞いた坂井は、「俺がついていたら、死なせることはなかった」と号泣した。

同じくこの日、未帰還となった結城国輔中尉（兵68）は笹井中尉の一期後輩だが、最近、同期の大野竹好中尉とともに戦列にくわわり、この日が三度目の出撃だった。

大野中尉はその後、めきめきと腕をあげ、〝笹井中尉の再来〟と慕われ、翌年まで戦いつづける。

さらに、もう一人の未帰還、熊谷賢一三飛曹は羽藤、遠藤三飛曹とともに、乙九期出身である。台南空「乙九の仲良し三羽鳥」として大いに将来を期待されたが、この日の激戦で遂に帰らなかった。

ラバウルの指揮所前で——前列右から高塚寅一飛曹長、山下丈二大尉、中島正少佐、河合四郎大尉。後列右から結城国輔中尉、林谷忠中尉、笹井醇一中尉、大野竹好中尉、村田功中尉

台南空分隊長・笹井醇一中尉

『行動調書』によれば、高塚飛曹長をはじめ六機の零戦は、五十分も戦場上空にとどまっていたと記されている。空戦終了後も笹井中尉をはじめ帰らぬ三機を待って、燃料ギリギリまで集合地点上空で旋回を続けていたのだろうか……。

太田敏夫一飛曹の最後

笹井中尉の用心棒的二番機が多かった太田敏夫一飛曹は、笹井中尉帰らぬあとは、河合大尉の二番機として黙々と戦いつづけた。

台南空は主としてガダルカナル方面、助っ人の二空戦闘機は足の短い零戦三二型のせいもあってブナ方面を担当した。

『行動調書』から太田の参加したガダル攻撃をひろってみよう。いずれの出撃も待ちかまえていたグラマンF4Fとの激しい空戦になっている。（　）内は太田の戦果である。

九月　十日：ガダル攻撃陸攻掩護
指揮官河合大尉　零戦×一二
（F4F×一撃墜）

十三日：ガダル偵察機掩護
指揮官稲野大尉　零戦×九
（F4F×二撃墜）

二十八日：ガダル攻撃陸攻掩護
指揮官河合大尉　零戦×一五

十月　二日：ガダル攻撃陸攻掩護
指揮官河合大尉　零戦×一八
（F4F×一撃墜）

十五日：ガダル揚陸船団哨戒（三直）
指揮官太田一飛曹　零戦×八
（F4F×二撃墜）

十九日：ガダル攻撃陸攻掩護
指揮官大野中尉　零戦×九
（F4F×二撃墜）

二十一日：ガダル攻撃陸攻掩護
指揮官大野中尉　零戦×九
（F4F×一撃墜）未帰還

八月七日の坂井一飛曹、八月二十六日に笹井中尉を失い、さらに九月十三日、田中陸軍参謀の乗った偵察機掩護という無茶な作戦でベテラン高塚寅一飛曹長、歴戦の羽藤一志三飛曹らを失った。

頼みの西沢一飛曹は体調不良で（？）八月八日から十月五日まで攻撃には参加していない。

この間、太田敏夫一飛曹は文字どおり孤軍奮闘していたが、日米開戦の日から休みなく戦いつづけて、精神的にも肉体的にも疲労がピークに達していたものと思われる。

ついに運命の十月二十一日をむかえる。この日の『行動調書』はつぎの通り。

〈任務〉ガダルカナル攻撃陸攻隊掩護

第一小隊　1　大野竹好中尉
　　　　　2　太田敏夫一飛曹　行方不明
　　　　　3　斎藤　章一飛兵
（第一小隊）グラマン十数機と交戦　グラマンfc×一撃墜

第二小隊　1　大木芳男一飛曹
　　　　　2　岡野博　三飛曹
　　　　　3　本多秀三一飛兵

第三小隊　1　金子敏雄一飛曹　引返す
　　　　　2　中谷芳一三飛曹
　　　　　3　山内芳美二飛兵

第四小隊　以下二空隊員
（第二～第四小隊）陸攻隊掩護

0540　fc×一三（台南空fc×八、二空fc×五）ラバウル基地発進　陸攻隊と合同進撃

もうもうたる砂塵をあげてラバウルを発進する零戦(上)。下はソロモン上空を攻撃に向かう零戦隊

０９１０　ガダルカナル上空突入
０９１５
０９３０　敵グラマンｆｃ十数機と交戦、２／10行方不明
１３３０　迄に台南空ｆｃ×七、二空ｆｃ×五（内ｆｃ×四ブカ経由）ラバウル基地帰着

この日、早朝五時四十分、台南空と二空の零戦十三機は、大野中尉指揮のもとにラバウルを発進した。この編成をみると台南空の開戦以来の生え抜きは、太田一飛曹ただ一人である。台南空自身も再編のために、十一月内地引き上げの直前で、もっとも弱体化していた時期である。

ちょうどガ島争奪天王山の真っ最中で、十月十三日夜の戦艦「金剛」「榛名」の艦砲射撃は大成功、飛行場は火の海となった。さらに明くる十四日夜にも重巡「鳥海」「衣笠」らの砲撃がつづいた。

陸軍は第二師団の揚陸に成功し、第三回目の飛行場総攻撃Ｙ日を二十二日と決定した。米増援部隊を阻止するため、トラックを出撃した一航戦の空母部隊（「翔鶴」「瑞鶴」「瑞鳳」）を中心とする機動部隊も南下中で、一気にガ島奪回は成功するかに見えた。

一方、米海軍空母部隊は、八月三十一日、空母「サラトガ」が伊二十六潜の雷撃で損傷修理中、「ワスプ」は九月十五日、伊十九潜の雷撃で撃沈され、「エンタープライズ」は第二次ソロモン海戦で損傷、ハワイで修理をおえ回航中だが、この当時健在なのは「ホーネット」ただ一隻だった。

この時点でも日本海軍が優勢なはずだった。が、十月二十五日に生起した南太平洋海戦でその「ホーネット」を撃沈したが、我が方も空母「瑞鳳」を失い「翔鶴」損傷で、もう一押しできず長蛇を逸した。

十月二十一日、太田一飛曹は最後となるガ島攻撃に発進した。途中、三沢空の陸攻十二機と合同し、三時間半の飛行でガダルカナル上空に、高度六千メートル

闘魂を内に秘めた太田敏夫一飛曹

で突入した。例のごとく敵グラマン十数機が上空からつぎつぎに襲いかかった。

この日も零戦隊は陸攻隊の掩護に徹して、空戦は第一小隊のみで行なったようだ。太田機は列機の目前でグラマン一機を素早く撃墜したが、その後、乱戦に巻きこまれて行方不明となった。

太田一飛曹は指揮官大野竹好中尉のお守り役もあり、陸攻掩護もあり、列機が新人の斎藤一飛兵なので不利を承知で無理な空戦をしたのかもしれない。陸攻隊に被害なく、太田機のみが未帰還だった。

この日、迎撃したのは、F・R・ペイン少佐に率いられた第二一二海兵戦闘飛行隊（VMF－212）グラマンF4F編隊数機と、空母「ワスプ」からガダルカナルへ応援にきた第七一戦闘飛行隊（VF－71）二機のF4Fだった。

彼らはペイン少佐の一機をふくむ零戦六機撃墜と相変わらず、かなりオーバーな数字を主張し、損失はF4F二機と報告している。太田一飛曹以外に撃墜者はいないようなので、二機とも有終の美をかざった彼の戦果と考えられる。

太田敏夫一飛曹は大正八年三月二十日、長崎県西彼杵郡出身。昭和十年に佐世保海兵団に水兵として入り、十四年、四十六期操練を卒業して戦闘機搭乗員となった。二年遅いが坂井三郎とよく似た経歴である。

昭和十六年十月、台南空に配属され、開戦のルソン攻撃にも参加した。その後、坂井、西沢、太田の三羽鳥として華々しい撃墜競争を繰りひろげたのは『大空のサムライ』に述べられているとおりである。

「太田は常に笑顔を忘れぬ温厚な青年で、上下、同僚の誰からも親しまれ、愛された」（秦郁彦『日本海軍戦闘機隊』）にあるように、空戦技量はもちろん信頼される人格から指揮官の二番機をつとめることが多く、長く笹井中尉の列機をつとめた。

大言壮語することもなく、寡黙で控え目な性格なので派手なエピソードは伝わっていないが、内に秘めた闘魂はすさまじく、また粘り強い性格でもあった。

特筆すべき空戦は、四月十八日のモレスビー攻撃で単機でよくP－40を四機撃墜（うち一機不確実）、八月七日のガダルカナル攻撃でもF4Fを四機撃墜（うち二機協同）している。

総撃墜数は三十四機が公認されているが、先に述べたように戦死日の二機を追加すれば三十六機となる。

この時点での公認撃墜数は、笹井中尉二十七機、坂井一飛曹二十八機、西沢一飛曹三十機なので、太田の三十六機は日本海軍最高のエースということになる。

西沢広義一飛曹の最後

西沢広義一飛曹は大正九年一月二十七日、長野県上水内郡小川村生まれ。昭和十一年六月、第七期乙種予科練に合格、十四年三月飛練課程を終了した。

開戦直前の十六年十月、内南洋（マーシャル群島）防衛の千歳空に配属され、明くる十七年一月末、岡本晴年大尉の分遣隊としてラバウル占領とともに同地に進出した。

当時の乗機は九六戦だったが、初撃墜は二月三日、午後八時すぎ敵五機が来襲。オーストラリア空軍のカタリナ飛行艇だったが、要撃に飛び上がった西沢機はみごと初撃墜を記録する。

二月十日、新編成の四空に編入されラバウルの防空任務についていたが、三月初め、早くも東部ニューギニアのラエ基地に進出、モレスビー攻撃に参加し数機を撃墜した。

さらに四月一日、台南空に編入され本格的な航空作戦に従事するが、二十八日にはモレスビー攻撃で被弾しサラモア沖に不時着したが、無事救助されている。

坂井、西沢、太田の揃い踏みの本格的な撃墜競争は五月に入ってからで、このころ天才的な空戦技術は開花した。その後の活躍は名著『大空のサムライ』にあるとおりだ。

特筆すべき空戦は八月七日のガダルカナル上空の空

坂井一飛曹、太田一飛曹とともに台南空の三羽島と謳われたエース西沢広義一飛曹

戦で、六機のグラマンを撃墜したが、じつは愛機が被弾し自爆覚悟の捨て身の空戦だったことは、すでに本書で述べた。

昭和十八年五月、西沢上飛曹（進級）は第二五一空の基幹搭乗員としてラバウルに再進出し、八月に解隊するまで、F4U、P－38などの敵新鋭機を相手に、連日の激しいソロモン航空戦に出撃して撃墜をかさね「ラバウルの魔王」と恐れられた。

九月、二五一空が激戦で消耗したのち二五三空に転じ、さらに十月末まで戦いつづけたが、十一月、ようやく内地に帰還した。

こうした西沢上飛曹の戦功にたいし、草鹿任一中将・南東方面艦隊司令長官から「武功抜群」と墨書された白鞘の軍刀一振が授与された。

十一月、飛曹長に進級して新編の第二〇三空に配属され、北千島方面の防空を任務としたが、激烈な南東方面とちがって、こちらは比較的安穏な戦場で撃墜の機会はなかったようだ。

昭和十九年十月二十四日、捷号作戦の発動により、西沢は戦闘三〇三飛行隊の一員としてルソン島マバラカット基地に進出した。

明くる二十五日の朝、関行男大尉らの神風特別攻撃隊「敷島隊」、爆装零戦五機を直掩して戦果を確認した。直掩機は西沢、本多慎吾上飛曹、菅川操飛兵長、馬場良治飛兵長の四機である。

西沢は特攻機を掩護するため、妨害するF6Fを排除して二機を撃墜、無事に任務をまっとうした。「敷島隊」は護衛空母「セント・ロー」に体当たり撃沈、「ホワイト・プレーンズ」「カリニン・ベイ」「キトカン・ベイ」にも命中して損傷をあたえた。

翌二十六日早朝、西沢はセブ基地に零戦をおいて輸送機（一〇二二空の一式陸攻）に搭乗し、マバラカットに向かった。幾層にも重なった雲の間を飛行してミンドロ島北端上空にさしかかったとき、突然、後方にグラマンF6F二機があらわれた。

まったくの出会いがしらという状態で、西沢にとってあまりにも不運というほかなかった。F6Fは至近距離から機銃を発射し、輸送機はたちまち左翼と左のエンジンから発火、急降下で逃れようとしたが、つづけて銃弾が命中し、燃えながら落下していった。

このＦ６Ｆは空母「ワスプ」搭載の第一四戦闘飛行隊（ＶＦ－14）所属のハロルド・Ｐ・ニューウエル中尉とその列機で、時刻は午前八時三十分だった。

ニューウエル中尉はこの機を陸軍重爆「呑龍」と報告し、撃墜が認められた。しかし、当時、呑龍がこの方面で行動した記録がないので、西沢便乗の陸攻と推定された。

同中尉は去る七月四日、硫黄島の上空で撃墜を記録しているから中堅のパイロットだが、翌十一月に空母「ワスプ」が戦列をはなれたこともあって、エースにはなっていない——というのが航空史家伊沢保穂氏の調査による西沢飛曹長の最後の模様である。（『零戦20の名勝負』秦郁彦編他）

筆者もかねてから興味があり調査をつづけてきたが、西沢搭乗機の撃墜者の特定には二、三の疑問も残る。

たとえば、『AIR WAR PACIFIC』には、この日、同じく空母「ワスプ」の第一四戦闘飛行隊（ＶＦ－14）のＦ６Ｆ機ロバート・Ｇ・ウエスト大尉が、ミンドロ島の上空でキ－46（百式司令部偵察機）を撃墜し、エースになったとある。

さらに『STAR & BAR』でウエスト大尉の項を確認すると、確かにミンドロ島の北東上空、午前八時から八時半の間に〇・五機のヘレン（米側コードネーム、HELEN「呑龍」）撃墜と記録されている。こちらはアクションレポートからの引用で、百式司偵ではなく呑龍になっており、〇・五機というのは列機との共同撃墜である。

ウエスト大尉は一九二一年一月のアイオワ州出身。はじめＲＡＦ（イギリス空軍）にいたこともある変わりダネで、一九四二年本国にもどり十月に海軍少尉。一九四四年一月大尉となり、新造空母「ワスプ」（二代目）搭載のＶＦ－14に配属され戦闘に参加した。

その間、三十六回のミッションで一月二十日に零戦一機、十月十二日に鍾馗一・五機、十五日には零戦、彗星各一機、二十六日の呑龍〇・五機撃墜で待望のエースとなった。

戦後も海軍に在籍し、一九六九年大佐で退役した。一九八五年十二月カリフォルニアで逝去している。

また両書によれば、この日、呑龍を撃墜して、さらにもう一人エースが誕生している。

空母「イントレピッド」搭載の第一八戦闘飛行隊（VF-18）のF6Fパイロット、アンソニイ・J・デマン中尉（最終撃墜数六機）も日本機をもとめてCAP（Combat Air Patrol 戦闘哨戒）行動中、こちらはルソン島上空でおなじくヘレン（呑龍）一機を撃墜し、エースの仲間入りしている。

いずれも呑龍はまちがいで陸攻だとしても、はたしてどれが西沢の搭乗機だったのだろうかという疑問が残る。

いずれにしても「零戦に乗っていたら、絶対に墜とされない」と豪語していた西沢だが、他人の操縦する丸腰の輸送機上ではいかんともできなかった。

西沢は戦死後、連合艦隊司令長官から全軍布告、二階級特進の栄誉をうけて海軍中尉を任ぜられた。

西沢の総撃墜数については、一四七機（家族への報告）、一五〇機（戦死時の新聞記事）、一〇二機らの数字が伝えられている。

昭和十九年九月末のある日、角田和夫少尉の部屋に、西沢、岩本徹三、尾関行治、長田延義、斎藤三郎と五人の飛曹長が集まって歓談した。いずれも錚々たる歴戦のエースばかりだ。席上、岩本が合計八十機は撃墜したというと、

「それじゃ、私の方が多いよ、私は百二十機は落としたよ。百機撃墜した時ラバウルの草鹿長官から個人感状と軍刀を貰ってるよ」（『修羅の翼』）

と西沢本人がいったというが、これは岩本という大エースと張りあっての数字なので、少し割り引く必要がありそうだ。

もっとも信頼できる数字はラバウル引き上げ時、岡本晴年飛行隊長につたえた八十六機だと思われるが（『日本海軍戦闘機隊』）、これに戦死直前の二機をくわえると八十八機となる。公認ベースなら六十数機と推定されるが、いずれにしても日本陸海軍最高のエースであることは間違いない。

古来征戦幾人か回《かえ》る……。

台南空戦没者名簿（昭和十七年十一月一日〜二五一空と改称）

姓名	階級	出身	戦死月日	戦死場所	状況
昭和16年					
畑中　修	一飛兵	操54	十一・二十四	台湾	
中溝良一	飛曹長	乙3	十二・八	ルソン島	行方不明
広瀬良雄	三飛曹	操46	〃	〃	〃
佐藤康久	一飛曹	乙6	〃	〃	〃
青木吉男	三飛曹	操56	〃	〃	〃
河野安次郎	二飛曹	乙7	〃	〃	〃
比嘉政春	一飛兵	操40	十二・十	〃	自爆戦死
倉富　博	三飛曹	操44	十二・十三	ルソン島	行方不明
菊池利生	二飛曹	乙7	十二・二十四	レガスピー	自爆戦死
昭和17年					
原田義光	飛曹長	乙1	一・二十四	メラク	対空砲火
若尾　晃	大尉	兵65	一・二十五	バリクパパン	被弾空中分解
関　明水	三飛曹	乙9	〃	バリクパパン	行方不明

兵：海軍兵学校　操：操縦練習生
甲乙丙：飛行予科練習生☆：全軍布告二階級特進

☆酒井敏行	一飛曹	操25	一・二十九	〃	自爆戦死
小林京次	一飛兵	操55	二・三	スラバヤ	自爆戦死
☆浅井政雄	大尉	兵63	二・十九	スラバヤ	被弾空中分解
上田　誠	三飛曹	乙9	二・二十四	マカッサル海峡	行方不明
☆酒井東洋夫	一飛曹	乙6	二・二十七	インド洋	行方不明
高田美輝哉	二飛曹	甲5	三・二	ロンボク海峡	行方不明
福山　資	二飛曹	甲5	三・二	〃	行方不明
吉江卓郎	二飛曹	甲3	四・五	モレスビー	自爆戦死
丹　幸久	二飛曹	甲4	四・七	ラエ	自爆戦死
丹治重福	一飛兵	丙2	四・十一	ラエ	自爆戦死
酒井良味	二飛曹	甲4	四・十七	モレスビー	自爆戦死
前田芳光	一飛兵	丙2	四・二十八	モレスビー	行方不明（捕虜）
和泉秀雄	二飛曹	甲3	四・三十	サラモア	自爆戦死
☆有田義助	二飛曹	甲3	五・一	ラエ	自爆戦死
☆河西春男	一飛兵	操56	五・二	モレスビー	自爆戦死
☆本田敏秋	二飛曹	操49	五・十三	モレスビー	自爆戦死
大島　徹	一飛曹	甲1	五・十四	モレスビー	自爆戦死

藤原直雄	二飛曹	甲5	五・十六	ラエ	？
山口　馨	中尉	兵67	五・十七	モレスビー	自爆戦死
伊藤　努	二飛曹	甲4	五・十七	モレスビー	自爆戦死（捕虜）
渡辺政雄	一飛兵	丙2	五・二十五	ニューギニア	自爆戦死
古森久雄	一飛曹	操45	五・二十九	モレスビー	自爆戦死
☆宮崎儀太郎	飛曹長	乙4	六・一	モレスビー	自爆戦死
菊池左京	二飛曹	甲3	六・九	ラエ	自爆戦死
吉野　俐	飛曹長	乙5	六・九	ラエ	行方不明
日高武一郎	一飛兵	丙2	六・十六	ラエ	行方不明
水津三夫	一飛兵	操54	七・四	ラエ	B－25体当たり
鈴木松巳	三飛曹		七・十一	モレスビー	自爆戦死
栗原克美	中尉	兵67	七・二十	モレスビー	行方不明
宮　運一	二飛曹	甲4	七・二十	クレチン岬	行方不明
小林克己	一飛曹	甲3	〃	モレスビー	行方不明
大西要四三	三飛曹	乙9	〃	〃	行方不明
本吉義雄	一飛兵	操53	八・二	ブナ	行方不明
吉田素綱	一飛曹	操44	八・七	ガダルカナル	行方不明

西浦国松	二飛曹	甲4	八・七	〃	行方不明
林谷　忠	中尉	兵67	八・八	〃	行方不明
木村　裕	三飛曹	乙9	八・八	〃	自爆戦死
村田　功	中尉	兵68	八・十三	ラエ	？
新井正美	三飛曹	乙9	八・十四	ラエ	自爆戦死
徳重宣男	二飛曹	操42	八・十七	モレスビー	自爆戦死
☆笹井醇一	中尉	兵67	八・二十六	ガダルカナル	未帰還
結城国輔	中尉	兵68	八・二十六	〃	未帰還
熊谷賢一	三飛曹	乙9	八・二十六	〃	未帰還
中野　鈔	三飛曹	乙9	八・二十六	ブナ	自爆戦死（二空）
山下丈二	大尉	兵66	八・二十七	ラビ	行方不明
柿本円次	二飛曹	操47	〃	〃	行方不明（捕虜）
松田武男	三飛曹	操56	〃	ブナ	行方不明
山下貞雄	一飛曹	操34	〃	ラビ	行方不明
二宮喜八	一飛兵	操56	八・二十七	ラビ	行方不明
国分武一	三飛曹	操49	九・二	ガダルカナル	行方不明
山本健一郎	一飛兵	操54	九・二	〃	行方不明

高塚寅一	飛曹長	操22	九・十三	ガダルカナル	行方不明
松木　進	二飛曹	甲4	九・十三	〃	〃
佐藤　昇	三飛曹	乙9	九・十三	〃	〃
羽藤一志	三飛曹	乙9	九・十三	〃	〃
福山清武	三飛曹	乙9	十・十四	ソロモン群島?	（『行動調書』記載ナシ）
桜井忠治	二飛曹	甲5	十・十五	ガダルカナル	行方不明
岩坂義房	一飛兵	丙3	十・十五	ガダルカナル	行方不明
菅原養蔵	一飛兵	丙2	十・十八	〃	〃
太田敏夫	一飛曹	操46	十・二十一	〃	〃
後藤龍助	三飛曹	乙9	十・二十五	〃	〃
森浦東洋男	三飛曹	乙9	十・二十五	〃	〃
吉村啓作	一飛兵	操56	十・二十五	〃	自爆戦死
米川正吉	三飛曹	操56	十・二十九	高砂丸	戦病死

主要参考資料

『大空のサムライ・新版』坂井三郎　一九九四　光人社
『大空のサムライ』坂井三郎　昭和四二年　光人社
『続・大空のサムライ』坂井三郎　昭和四五年　光人社
『戦話・大空のサムライ』坂井三郎　昭和五六年　光人社
『撃墜王との対話』坂井三郎、高城肇　光人社
『写真大空のサムライ』「丸」編集部　一九九三　光人社
『大空の決戦』坂井三郎　昭和三一年　鱒書房
『大空の決戦』坂井三郎　二〇〇五　光人社
『零戦の真実』坂井三郎　一九九二　講談社
『坂井三郎空戦記録（全）』坂井三郎　昭和二八年　出版協同社
『非情の空』高城肇　昭和四五年　講談社
『零戦とともに』吉田一　昭和三九年　弘文堂
『島川正明零戦空戦記録』島川正明　一九八九　光人社
『修羅の翼』角田和男　平成元年　今日の話題社
『第二次大戦航空史話（中）』秦郁彦　昭和六一年　光風社出版
『零戦空戦記』土方敏夫　二〇〇四　光人社
『あゝ零戦一代』横山保　昭和四四年　光人社
『海軍戦闘機隊』Ⅰ～Ⅳ　森史朗　昭和四八年～五四年　R出版
『日本海軍戦闘機隊』秦郁彦、伊沢保穂　昭和五〇年　酣燈社
『世界の戦闘機隊』秦郁彦他　昭和六二年　酣燈社
『日米航空戦史』M・ケイデン　昭和四二年　経済往来社
『B－17空の要塞』M・ケイデン　昭和五二年　フジ出版社
『零戦燃ゆ・飛翔編』柳田邦男　昭和五九年　文芸春秋社
『海軍戦闘機隊史』零戦搭乗員会　一九八七　原書房
『伝承零戦〈第1巻〉』秋本実　一九九六　光人社
『南方進攻航空戦』C・ショアズ＋B・カレ＋伊沢保穂　二〇〇二　大日本絵画
『陸攻と銀河』伊沢保穂　一九九五　朝日ソノラマ
『零戦史』渡辺洋二　平成一二年　グリーンアロー出版社
『スラバヤ沖海戦』D・A・トーマス　昭和四四年　早川書房

『南東方面海軍作戦（1）』防衛庁戦史室　昭和四一年　朝雲新聞社
『空戦』ジョン・ベダー　昭和四六年　サンケイ新聞
『カウラ出撃』森本勝　昭和四七年　今日の話題社
『世界の傑作機』各号　文林堂
『世界の戦闘機エース』各号　大日本絵画
『飛行機隊戦闘行動調書』台南空・三空・四空　防衛省戦史室蔵
『海軍航空隊始末記』源田実　昭和三七年　文芸春秋新社
『中攻（上・下巻）』巌谷二三男　昭和三三年　出版協同社
『海軍航空英雄列伝』押尾一彦　平成六年　モデルアート社
『雄飛』各号　予科練雄飛会本部
『ゼロ戦20番勝負』秦郁彦編　一九九九　ＰＨＰ研究所
『太平洋のエースたち』Ｅ・Ｈ・シムス／矢島由哉訳　一九八九　朝日ソノラマ
『歴代アメリカ大統領総覧』高崎通浩　二〇〇二　中公新書
『操縦のはなし』服部省吾　一九九二　技報堂
『BLOODY SHANBLES』Vol. 1,（C. Shores, B. Cull, Y. Izawa: Grub Street 1994）
『BLOODY SHANBLES』Vol. 2,（C. Shores, B. Cull, Y. Izawa: Grub Street 1996）
『ATTACK & CONQUER』～The 8th Fighter Group in WWII（JC. Stanway, LJ. Hickey: SCHIFFER 1995）
『PROTECT & AVENNGE』～The 49th Fighter Group in WWII（S. W. Ferguson & WK. Pascalis: SCHIFFER 1996）
『Guadalcanal Campaign』（JB, Lundstrom: 1996）
『The Pacific Sweep』（William N. Hess, 1974）
『AIR WAR PACIFIC Chronology』（E. Hammel: Pacifica Press 1999）
『STARS & BARS』（F. Olynic: Grub Street 1996）
『ACES HIGH』（C. Shores: Grub Street 1997）
『GUADALCANAL The Island of Fire』（RL. Ferguson: TAB 1998）
『Wildcat Aces of WW2』（B. tillmann: OSPREY 1995）
『Marine Fighting Squadron（VMF–121）』（T. Doll 1996）

あとがき

平成九年春、思い立ってワシントンDCのスミソニアン航空博物館を訪れた。ここはいまさらいうまでもなく、航空ファン、とくに第二次大戦機マニアにとっては垂涎の場所、メッカのような聖地である。

予想以上に楽しく素晴らしかったので三日間通いつめたが（入場料が無料）、警備員、案内係などとすっかり顔なじみになった。二階の天井から吊るされた零戦の前に、エースコーナーがあり、各国エースの写真が二名ずつ飾られている。日本人では西沢広義と杉田庄一の写真があった。

いつも立ち止まるので、人のよい年配の案内係がすりよってきた。なぜ坂井三郎の写真がないのかきいてみると、「エース・サカイは有名だ、航空ファンなら子供でも知っているから必要ない。前にサカイもきたよ、ユーはサカイのフレンド？　彼は元気か、ユーもインペリアル・ネービーか、オーワンダフル！」

私の兄（義典、甲13）が帝国海軍のベティ・ボンバー（陸攻）に乗っていた、といったつもりが、カタコト英語でうまく通じない。それどころか、私はいつのまにかエース・サカイの部下にされてしまった。

大げさに喜ぶので、たちまち、人が集まった。場所柄、当然、旧軍人や飛行機乗りが多い。握手を求められたり、いきなり敬礼してハグハグされたり、大変なことになってしまった。私も職場の自衛消防隊副隊長だったので、敬礼（消防式）は得意なのだ。

なかには「オレもドラゴン・ジョーズ（Dragon's Jaws 龍の顎：ラバウルのこと）爆撃に参加したことがある。あそこはテリブル（恐怖）だった」などというのもいて、いまさら引っ込みがつかなくなった。美しき誤解である。

いかにもアバウトで陽気で、ヒーロー好きな国民である。かれらヤンキーは坂井三郎氏も大好きで、何度かおとずれ大歓迎された。（そういえば、氏の次女みち子さんはアメリカ人と結婚し同地在住だ）

なにしろアメリカ大陸は広い、細かいことはどうでもいい、建国いらい戦いつづけてきた民族であり、これもフロンティアスピリットというのだろう。以後、アナポリス、ペンタゴン、パールハーバーなどでも帝国海軍で押し通した。（旧海軍軍人の皆様スミマセン。後でよく考えると、戦艦アリゾナのネービーキャップをかぶっていたせいかもしれない）が、そのとき入手した資料が、今回多いに役にたった。

またスミソニアンでP－40、SBDドーントレス、F4Fワイルドキャットなど、坂井三郎と戦った敵機を間近く見ることができた。百聞は一見に如かず、F4Fの機体を掌で叩いてみたがガンガンとはねかえり、さすがグラマン鉄工所製は頑丈だった。零戦は叩くとボコボコとトタン屋根のような音がする。

アメリカ国民は建国いらいヒーロー好きであり、とくにエース（敵五機以上撃墜した称号）にたいしては絶大な敬意をはらっている。ライト兄弟が飛行機を最初に飛ばした国、最初に大西洋単独無着陸横断飛行に成功したリンドバーグを生んだ国の伝統なのか、航空ファンのやたら多い国でもある。

エース列伝やエースの書いた書物、一冊数十ドルの立派な装丁の高価な戦闘機隊史、写真集がずらりと売店に並んでおり、誰が買うのかと見ていると、小遣いをためた少年だったりして、日本では考えられない底辺の広さである。

アメリカ版『SAMURAI』は、ニューヨーク・タイムズ紙、ニューズ・ウィーク紙、リーダーズ・ダイジェストなど各紙で派手に紹介され、一大センセーションを巻きおこした。その後、世界各国でも翻訳され、最近も増刷されて、その発売総数は五百万部に達する一大ベストセラーとなっている。

しかし、残念ながら『坂井三郎空戦記録』を底本として英訳したものなので、日付、人名などの誤りがそのまま一人歩きし、物語でなく記録としてみた場合、かなり世界中に混乱をまねいているのも事実である。

海外でいろいろと間違った撃墜者が名乗り出ているのは愛嬌としても、一流の研究書でも、未だ誤りは訂正されていない現実がある。実戦の体験者が少数ながら生存しているいまこそ、正しい検証がなされ後世に真実の歴史を残す最後の時と考える。本書がその一助になれば幸いである。

なるべく早く本書をたずさえて泉下の坂井三郎氏にお会いし、報告かたがた、ゆっくり歓談したいと思っている。終わりに本書の出版を快諾された光人社高城直一社長、アドバイスをいただき編集でお世話になった坂梨誠司出版部長に深く感謝の気持ちを表したい。

平成二十一年夏

郡　義武

新装版によせて

旧版刊行以来数々の読者からお便りを頂いた。いずれも好意的なものだった。特に、かねてから交友のあった旧海軍関係の方々、『修羅の翼』の角田和男氏（乙5：平成二十五年逝去）、『海軍予備学生零戦空戦記』の土方敏夫氏（予13：平成二十四年逝去）、細田圭一氏（甲1）らから高い評価を頂いたのは、身に余る光栄であった。代表として、失礼ながら、今は亡き角田和男氏の最後の書簡を、貴重なので掲載させていただく。

（一部省略）

「謹啓、『坂井三郎「大空のサムライ」研究読本』御恵送いただき有難うございました。私、最近九十歳を過ぎた頃より、老化現象が急に進みまして、中々思うように心身共に動けなくなりました。

この本には、沢山の戦友・知人の名前が出て参りますので、懐かしく何回も読み返しております。まとまった感想を申し上げること、特に書くことは一層重労働になってしまいました。仕方の無い奴とお許し下さい。

横文字に全く不案内の私は、よくも此の様に詳しくご研究されたものと、ご努力の程に感じ入りました。坂井様本人ばかりでなく、記事の中に出て来る沢山の戦死者の方達も、恐らく戦った相手が誰だったか判る人は、無いだろうと思います。『大空のサムライ』が不朽の名著であるように、この『研究読本』も不朽の名著となることと思います。

坂井様には戦後の方が、親しくお話を伺うことが多くなっていましたが、本に書いた空戦の話は、すべて本当にあった出来事、真実なのです。という言葉は、全面的に信用していましたが、本人もその主張が何処まで信用して貰えるか、幾分不安を持っていたようです。が、本当に生きてる中に、此の様に証明して貰えたら、有難かったろうと思います。適当な言葉が見つからないので、この辺で筆をおきます。

（以下略）

歩行も困難となりまして、楽しみにしておりました、キリバス会の靖国大会も出席出来なくなりました。

平成二十一年十一月六日

角田和男」

キリバス会、というのは私の長兄・義典（甲13）が会長で、マキン、タラワ方面の戦没者の遺骨収集と慰霊を毎年行なっており、角田氏も度々参加されていた。律儀な角田氏は、この書簡と共に干物一籠がお礼にと添えられていた。

今春、久し振りに坂井三郎氏の墓参をした。

この日は先客がいた。しかも、妙齢の女性二人連れである。

念のため、縁故者なのか尋ねると、横浜から来た坂井三郎ファンだという。零戦が好きで、台南空にも興味があるという。私は嬉しくなって、拙著を送ることを約束して別れた。

坂井三郎氏の所属した、台南空（台南海軍航空隊）の開戦から改編までの航空戦の全貌については、拙著

『台南空戦闘日誌』（潮書房光人社、平成二十五年刊）をご覧下さい。

今回もまた、潮書房光人社の皆様にお世話になりました。また、この新装版を手にとって下さった方々に、あわせて深く感謝いたします。

平成二十八年夏

郡 義武

坂井三郎氏の墓

初版 平成二十一年八月 光人社刊

坂井三郎『大空のサムライ』研究読本

2016年9月4日　新装版印刷
2016年9月10日　新装版発行

著　者　郡　義武

発行者　高城直一

発行所　株式会社　潮書房光人社

〒102-0073
東京都千代田区九段北1-9-11
振替番号／00170-6-54693
電話番号／03(3265)1864(代)
http://www.kojinsha.co.jp

装　幀　熊谷英博
印刷製本　株式会社シナノ

定価はカバーに表示してあります
乱丁，落丁のものはお取り替え致します。本文は中性紙を使用
　ISBN978-4-7698-1626-3 C0095